beck ische reihe

b sr

Seit der Industriellen Revolution dreht der Mensch immer stärker am Thermostat des komplexen Klimasystems. Dabei ist er selbst ein Produkt von Prozessen, die ganz wesentlich von den klimatischen Bedingungen auf der Erdoberfläche gesteuert wurden. Inzwischen ist er im Begriff, zunehmend den Part eines Akteurs zu übernehmen, der sich der Folgen seines Handelns bewußt ist.

Auf der Basis der neuesten Ergebnisse der Klimaforschung schildert das Buch die Geschichte des Klimas von der Entstehung der Erdatmosphäre bis zum gegenwärtigen Klimawandel und beschäftigt sich in seinen letzten Kapiteln auch mit Klimaprognosen sowie der Zukunft des Planeten Erde. Verfaßt wurde es in der Absicht, den Blick zu öffnen für die Fülle der Wechselwirkungen zwischen Phänomenen, die üblicherweise völlig unterschiedlichen wissenschaftlichen Disziplinen zugeordnet werden, aber allesamt das beeinflussen, was wir unter dem Begriff «Klima» zusammenfassen.

Karl-Heinz Ludwig, geb. 1946, ist Autor und Wissenschaftsjournalist. Neben Büchern zu aktuellen Themen schreibt der ehemalige Lektor Beiträge u. a. für die *Frankfurter Allgemeine Zeitung*, *Die Zeit*, die *Neue Zürcher Zeitung* sowie das ZDF.

Karl-Heinz Ludwig

Eine kurze Geschichte des Klimas

Von der Entstehung der Erde bis heute

Verlag C. H. Beck

Mit 10 Abbildungen

Originalausgabe

© Verlag C. H. Beck oHG, München 2006
Satz: Fotosatz Reinhard Amann, Aichstetten
Druck und Bindung: Druckerei C. H. Beck, Nördlingen
Umschlagabbildung: gülsah edis + thomas meyer
Umschlaggestaltung: +malsy, Willich
Printed in Germany
ISBN-10: 3 406 54746 X
ISBN-13: 978 3 406 54746 1

www.beck.de

*Jeder stirbt,
aber keiner ist tot.*

Für Chee-Ming

Inhalt

1 Vom Wetter zum Klima 9

2 Es werde Luft 14

3 Klima und Leben 24

4 Klima und Evolution im Erdaltertum 31

5 Klima und Evolution im Erdmittelalter 45

6 Vom Treibhaus zum Eishaus 55

7 Klima und die Evolution der Primaten 68

8 Klima und Evolution im Pliozän 76

9 Klima und die Evolution des Menschen im Eiszeitalter 89

10 Klima und Mensch im Holozän 107

11 Klimaentwicklung seit der Industriellen Revolution 125

12 Klimawandel und Klimaschutz 148

13 Klimaforschung und Klimaprognosen 171

14 Die Zukunft des Planeten Erde 194

Erde, Klima, Leben – Ein Nachwort 202

Abbildungsnachweis 207

Register 208

1 *Vom Wetter zum Klima*

In diesem Kapitel erfahren Sie,
- was die Erdatmosphäre ist und was davon die Luft,
- was der Unterschied ist zwischen Wetter und Klima,
- welche Faktoren das Klima bestimmen.

Blick von oben

Von einem Raumschiff in 300 Kilometer Höhe sieht man mit bloßem Auge über der gekrümmten Horizontlinie der Erdkugel als königsblauen Saum die irdische Atmosphäre. Als er dieses wunderbare Bild zum ersten Mal sah, berichtet der deutsche Astronaut Ulf Merbold, sei er ein bißchen erschrocken darüber, wie hauchdünn diese Schicht ist, denn sie ist es, die als Schutzfilter vor tödlichen Strahlen aus dem Weltall das Leben auf der Erde erst möglich macht.

Atmosphäre

Ein durch die Anziehungskraft der Erde festgehaltenes Gemisch aus Gasen, dessen erdnächste und daher dichteste Schicht die Luft ist, die wir atmen, bildet die Atmosphäre. Sie ist zwischen 1000 und 3000 Kilometer dick, doch nur bis in eine Höhe von etwa 500 Kilometern ist das Schwerefeld der Erde stark genug, um die Gase zu halten. Jenseits dieser Grenze entweichen sie ins All.

Wettersphäre

Der hauchdünne Saum, von dem Ulf Merbold spricht, ist also lediglich der unterste, Troposphäre genannte Teil der Atmosphäre. Sie ist über dem Äquator ungefähr 18, über den Polen sogar nur etwa 7 Kilometer dick, verglichen mit der Größe der Erde also kaum dicker als beim Apfel die Schale. Nur in ihr gibt es Dunst, Wolken sowie diverse Schwebstoffe und Mikroorganismen in ausreichender Konzentration, um das Licht für das menschliche Auge erkennbar zu reflektieren. Da sich in ihr die meisten Stürme und mit der Bewölkung verbundenen sichtbaren Wettervorgänge abspielen, bezeichnet man sie auch als «Wettersphäre».

Wetter

«Wetter» nennt man in der Meteorologie den kurzfristigen Zustand der Troposphäre an einem bestimmten Ort zu einer bestimmten Zeit. Es wird beschrieben durch Zustandsgrößen wie Temperatur, Sonnenstrahlung, Luftdruck, Windgeschwindigkeit und Windrichtung, Bewölkung, Luftfeuchtigkeit, Sichtweite sowie Art und Menge von Niederschlägen. Diese Wetterelemente werden in weltweit verteilten Wetterstationen nach internationalen Standards beobachtet und gemessen. Die so gewonnenen Daten werden dann an zentrale Wetterdienste übermittelt und dort aus größeren Gebieten zusammengefaßt, um die aktuelle Wetterlage zu ermitteln und das Wetter für die nächste Zeit vorherzusagen. Großwetterlagen sind Wetterlagen über Großräumen wie Europa oder Ostasien. Der über einen Zeitraum von einigen Tagen beobachtete Wetterablauf heißt Witterung.

Klima

Das Wort «Klima» stammt aus dem Griechischen. Ursprünglich bezeichnete es die Neigung der Erde vom Äquator aus gegen die Pole, später dann die sich nach dem Grad dieser Neigung richtende Wärme oder Witterung.

Als «Klima» bezeichnet man heute im Gegensatz zum Wetter den charakteristischen Ablauf des Wetters an einem Ort oder in einem bestimmten geographischen Raum über lange bis sehr lange Zeiträume hinweg, mindestens aber über Jahrzehnte. Dabei ist unter Klima nicht einfach eine Art «durchschnittliche» Witterung zu verstehen, denn es schließt nicht nur die Mittelwerte der Wetterelemente ein, sondern auch die Häufigkeit von Extremen und ihre Veränderlichkeit. Es berücksichtigt also auch kleinere und größere Schwankungen im Verlauf von Jahrzehnten, Jahrhunderten, ja sogar Jahrtausenden (Klimavariabilität). Klima ist somit zeitabhängig und gilt folglich immer nur für bestimmte, genau definierte Zeiträume. Für die standardisierte Auswertung weltweit erhobener Klimadaten zur Berechnung der Klimaelemente hat die Weltorganisation für Meteorologie jeweils dreißigjährige Beobachtungszeiträume festgelegt, sogenannte Normal- oder Standardperioden. Es sind dies die Zeiträume von 1901–1930, 1931–1960, 1961–1990 usw. Gegenwärtig befinden wir uns somit in der Normalperiode von 1991 bis 2020. Diese Festlegung dient der besseren Vergleichbarkeit klimatologischer Daten und bietet die Grundlage für globale Klimakarten, die in Weltklimaatlanten zusammengeführt werden. Allerdings ist diese Standardisierung nicht starr. Je nach den Erfordernissen bestimmter klimatologischer Forschungsziele werden auch kürzere oder längere Perioden festgelegt. Die Klimaelemente, deren sich die Klimatologie dabei bedient, sind im wesentlichen die gleichen wie die Wetterelemente der Wetterforschung, allerdings über längere Zeiträume beobachtet und beurteilt.

Klimafaktoren

Anders als die zur Beschreibung unterschiedlicher Klimata herangezogenen Klimaelemente dienen die Klimafaktoren der Erklärung der Klimaphänomene. Zu ihnen zählt eine Fülle von weltweit wirkenden Klimamachern wie Erddrehung und Sonnenstrahlung, sowie von lokalen Faktoren wie die geographische Breite, die Höhe über dem Meer, die unterschiedlichen Arten der Erdoberfläche wie Wasser und Land und deren Gestalt wie Berge, Täler und Ebenen. Zu solchen geophysikalischen Faktoren treten noch Phänomene wie die Kontinentalverschiebung oder Vorgänge in den höheren Regionen der Atmosphäre jenseits der Troposphäre, durch deren Zusammenwirken nicht nur die Luft ständig verwirbelt wird, sondern auch Meeresströmungen entstehen und sich verändern. Hinzu kommen biologische Faktoren wie die Vegetation, chemische wie die Zusammensetzung der Atmosphäre, und – seitdem die Menschen die Erde immer stärker bevölkern und mit technischen Mitteln verändern – anthropogene, das heißt menschengemachte Faktoren. Letztere vor allem sind es, welche die Entwicklung des Klimas immer stärker beeinflussen, und das in einem Maße, daß sie womöglich alles Leben auf Erden und damit am Ende unsere eigene Existenz bedrohen.

Luft

Die Luft, die wir atmen, ist nur ein Teil der Erdatmosphäre. Sie ist eine Mischung aus im wesentlichen zwei Gruppen von Gasen, von denen die eine fast konstante Mengen enthält, während die Konzentrationen der anderen in Raum und Zeit wechseln. So klein die Mengen der variablen Gruppe gegenwärtig auch zu sein scheinen, so sind sie doch von größter Bedeutung für den Fortbestand des Lebens auf der Erde. Wasserdampf beispielsweise ist nicht nur die Quelle aller Niederschläge, sondern absorbiert und emittiert ebenso wie Kohlendioxid auch Infrarotstrahlung. Kohlendioxid spielt überdies eine wichtige Rolle bei der pflanzlichen Photosynthese. Ozon wiederum, das hauptsächlich in Höhen zwischen 10 und 50 Kilometern vorkommt, absorbiert die Ultraviolettstrahlung der Sonne und schirmt auf diese Weise die Erde wirksam ab gegen alle Strahlen mit Wellenlängen von weniger als 290 Nanometer ($1 \text{ nm} = 10^{-9}$ m).

Tabelle 1: Trockene Luft setzt sich heute zusammen aus

Art des Gases	Volumenanteile in Prozent
a) *konstante Gruppe:*	
Stickstoff (N_2)	78,084
Sauerstoff (O_2)	20,946
Argon (Ar)	0,934
Neon (Ne)	0,0018
Helium (He)	0,000524
Methan (CH_4)	0,0002
Krypton (Kr)	0,000114
Wasserstoff (H_2)	0,00005
Distickstoffoxid oder Lachgas (N_2O)	0,00005
Xenon (Xe)	0,0000087
b) *variable Gruppe:*	
Wasserdampf (H_2O)	0–7
Kohlendioxid (CO_2)	0,01–0,1
Ozon (O_3)	0–0,01
Schwefeldioxid (SO_2)	0–0,0001
Stickstoffdioxid (NO_2)	0–0,000002

2 Es werde Luft

In diesem Kapitel erfahren Sie,
- wie die Erde entstand,
- wie sich die Erdatmosphäre bildete,
- welche Schichten die Atmosphäre aufweist,
- wie die Ozonschicht die Erde schützt,
- was ein Treibhauseffekt ist.

Titan

Nach sieben Jahren Flug an Bord der amerikanischen Sonde Cassini landete die europäische Raumsonde Huygens am 14. Januar 2005 auf der Oberfläche des Saturn-Mondes Titan. Titan, von dem holländischen Astronomen Christiaan Huygens am 13. März 1655 entdeckt, nimmt unter den Monden unseres Sonnensystems eine Sonderstellung ein: Er ist der einzige, der von einer dichten, planetenähnlichen Atmosphäre umgeben ist. Wie bereits frühere Messungen mit Hilfe von Infrarot- und Radiowellen ergeben hatten, die jetzt bestätigt wurden, besteht sie hauptsächlich aus Stickstoff und Methan sowie aus Argon 40, Ammoniak und Spuren komplexer Moleküle wie Kohlenwasserstoffverbindungen. Damit enthält sie Bestandteile organischer Substanzen, weist also Ähnlichkeiten auf mit der zweiten Atmosphäre der Erde vor rund 4 Milliarden Jahren. Möglicherweise könnten daher von der Huygens-Sonde gesammelte Daten Aufschluß darüber geben, wie das Leben auf der Erde entstand.

Erforschung der Geschichte der Erdatmosphäre

Die Erforschung der Entstehung der Erdatmosphäre ist nicht zuletzt deshalb schwierig, weil Atmosphären aus Gasen bestehen und Gase sich im Laufe der Zeit verflüchtigen. Anders als in anderen

Gebieten der Erdgeschichte verfügen Wissenschaftler, die sich mit der Atmosphäre beschäftigen, somit über nichts, woran sie wie an Steinen oder Fossilien unmittelbar ablesen könnten, welchen Veränderungen diese in der Vergangenheit unterworfen waren, und sind daher methodisch auf Schlußfolgerungen angewiesen.

Daß dies möglich ist, ist erstens der Tatsache zu verdanken, daß feste Himmelskörper großenteils dieselben chemischen Verbindungen aufweisen wie Gase, wobei der Unterschied lediglich auf unterschiedlichen Druck- und Temperaturverhältnissen beruht: Aufgrund der – dank ihrer starken Schwerkraft – im Innern herrschenden hohen Drücke geht die Materie dort vom gasförmigen in den flüssigen bzw. festen Aggregatzustand über, während sie im äußeren Bereich wegen des dort schwächeren Schwerefeldes gasförmig bleibt. Dies erklärt auch, warum nicht alle Himmelskörper eine Atmosphäre besitzen, sondern nur solche, deren Anziehungskraft stark genug ist, um die Gase zu halten. Und dies ist sowohl beim Titan der Fall als auch bei der Erde.

Der zweite Grund ist, daß Gase infolge ihrer geringen Dichte ständig in Bewegung sind und daher in Gestalt von Winden und Stürmen verändernd auf die feste Materie einwirken. Die auf diese Weise durch Erosion geprägte Oberfläche der Himmelskörper erlaubt wiederum Rückschlüsse auf frühere Zustände.

Die Entstehung unseres Sonnensystems

Die meisten Astronomen gehen heute davon aus, daß unser Sonnensystem aus einer rotierenden Gas- und Staubwolke entstanden ist. Als sich vor rund 5 Milliarden Jahren die Materie im Zentrum dieses Sonnennebels durch die Gravitation verdichtete und infolgedessen immer heißer wurde, bis sie schließlich durch Kernfusion Energie zu erzeugen begann, bildete sich die Sonne. Die restliche sowie die von der jungen Sonne abgestoßene überflüssige Materie nahm die Gestalt einer Scheibe an, die sich dann in Ringe aufteilte. Die in diesen Ringen enthaltenen Teilchen ballten sich zunächst zu kleinen und dann zu immer größeren Klumpen zusammen. Als vor etwa 4,6 Milliarden Jahren einige dieser Klumpen genug Masse und damit Schwerkraft gewonnen hatten, um selbst Materie anzuziehen, formten sich aus den sonnennahen Ringen die vier inneren Gesteinsplaneten Merkur, Venus, Erde und Mars, aus den sonnenfernen Ringen die vier äußeren Gasplaneten Jupiter, Saturn, Uranus und Neptun. Eine Ausnahme bildete Pluto. Er besteht aus den Überresten der von den Gasplaneten nicht gebundenen Materie.

Die Uratmosphäre

Ursprünglich hatten alle Planeten Gase des Sonnennebels eingefangen und waren daher von Atmosphären umgeben. Während die großen äußeren Planeten diese mittels ihrer starken Schwerefelder bis heute halten konnten, verloren die inneren Planeten ihre hauptsächlich aus Wasserstoff und Helium bestehenden Uratmosphären, als die junge Sonne begann, mit hoher Geschwindigkeit Plasmaströme aus Elektronen und Protonen auszustoßen: Einem atomaren Gebläse gleich fegte der Sonnenwind ihre Gashülle in den interplanetaren Raum. Die heutige Erdatmosphäre kann somit nicht aus der Uratmosphäre hervorgegangen sein, ihr Ursprung muß vielmehr in der Erde selbst liegen.

Die zweite Atmosphäre

Dank ihrer großen Masse und infolge des Einschlags zum Teil riesiger Körper, deren kinetische Energie sich dabei in Wärme umwandelte, wurde die Erde gegen Ende ihrer Entstehung so heiß, daß ihr Gestein bis in große Tiefen schmolz. Derart verflüssigt, konnten sich nun alle Stoffe nach ihrem spezifischen Gewicht entmischen, sodaß in der Mitte ein fester, von einem flüssigen Äußeren umgebener Eisenkern entstand, während die leichteren Stoffe nach außen wanderten, wo sie den Erdmantel und darüber den Vorläufer der heutigen Erdkruste bildeten. Im Verlauf und als Teil dieses Differentiation genannten Prozesses drangen auch große Mengen flüchtiger Substanzen an die Oberfläche und wurden schließlich als Gase freigesetzt. Bei fortschreitender Erstarrung der Erdoberfläche begann – als Folge der langsamen Abkühlung – zu dieser «Entgasung» vor etwa 4,5 Milliarden Jahren zunehmend auch Vulkanismus beizutragen. Die so entstandene zweite, durch die Schwerkraft der

Erde festgehaltene Atmosphäre war genaugenommen nichts anderes als der gasförmige Teil der Erdkruste und bestand im wesentlichen aus Wasserstoff, Wasserdampf, Methan, molekularem Stickstoff (N_2), Kohlenmonoxid, Kohlendioxid, Ammoniak, Schwefelwasserstoff und molekularem Wasserstoff (H_2). Sie war äußerst lebensfeindlich und enthielt, wenn überhaupt, nur sehr geringe Mengen freien Sauerstoffs.

Die dritte Atmosphäre

Neben der Entstehung der Atmosphäre führte die Entgasung der Gesteinsmäntel, als sich die Atmosphäre abkühlte, wegen des freigesetzten Wasserdampfes auch zur Bildung von Ozeanen. Zugleich bewirkte der äußerst hohe Anteil vor allem an Kohlendioxid einen Treibhauseffekt: Die durch die Sonnenstrahlung auf die Erde gelangte Wärme wurde zurückgehalten und verhinderte so trotz des durch die Atmosphäre stark getrübten Lichtes eine Vereisung der Meere. Hinzu kam, daß in der Frühphase der Erde ein höherer Atmosphärendruck herrschte als heute, das «Temperaturfenster» für flüssiges Wasser also wesentlich größer war als 100 °C, beispielsweise zwischen −5 und +160 °C bei einem Druck von 5 bar.

Da sich der Wasserstoff bei fortschreitender Abkühlung der Erde verlangsamt in den Weltraum verflüchtigte, verringerte sich allmählich sein Anteil an der Atmosphäre. Zugleich gelangte sehr viel Kohlendioxid mit dem Regen über die Flüsse in die Meere, wo es mit Wasser und Metallen – dabei vor allem mit Kalzium – chemische Verbindungen einging, die dann in unlöslichen Kalkablagerungen der Erdkruste gebunden wurden. Durch die fortgesetzte, bis heute andauernde vulkanische Freisetzung von Gasen trat jedoch immer neues Kohlendioxid aus, sodaß sich sein Anteil an der Atmosphäre – und damit der Treibhauseffekt – weniger reduzierte, als es ohne diese Zufuhr geschehen wäre.

Das veränderte die zweite Atmosphäre so sehr, daß man mit einigem Recht sagen kann, daß sich bis vor etwa 4 Milliarden Jahren eine dritte Atmosphäre entwickelt hatte, die aus der ersten hervorgegangen war, ohne daß sich eine scharfe Trennlinie zur zweiten ziehen ließe.

Es werde Luft

Die heutige, vierte Atmosphäre

Von der dritten unterscheidet sich die heutige Atmosphäre nicht nur dadurch, daß sie infolge der Bindung des Kohlendioxids in Kalkgesteinen (sowie in Erdöl, Kohle und Erdgas) nur noch sehr geringe Reste dieses Gases enthält, sondern vor allem durch die hohen Anteile (Volumen-Prozent in trockener Luft) von Stickstoff (rund 78 Prozent) und Sauerstoff (fast 21 Prozent). Da die Atmosphäre ursprünglich so gut wie keinen Sauerstoff enthalten hatte, ist die Frage, woher dieser kam. Die Antwort lautet: Sauerstoff ist ein Produkt lebender Organismen, die sich vor etwa 4 Milliarden Jahren auf der Erde zu entwickeln begannen, was zu einer sich wechselseitig bedingenden Evolution des Klimas und des Lebens führte.

Die Schichtung der Erdatmosphäre

Der Gasmantel, der die Erde umgibt, ist keine gleichmäßig aufgebaute Hülle, sondern gliedert sich vertikal in mehrere deutlich unterscheidbare, wenn auch nicht scharf voneinander abgrenzbare Schichten. Infolge der Schwerkraft ist er in der Nähe der Oberfläche am dichtesten, wird mit zunehmender Höhe dünner und geht an seinem äußeren Rand fließend in den Weltraum über.

Zunächst unterscheidet man zwischen der bis in etwa 110 Kilometer Höhe reichenden *Homosphäre*, in der die Zusammensetzung der Atmosphäre nahezu homogen ist, da sich ihre Stoffe dank der hier herrschenden Turbulenzen vermischen, und der darüber liegenden *Heterosphäre*, in der sich die Gase entsprechend ihrer Atomgewichte entmischen. Die leichteren Gase entweichen dabei in die oberen Schichten, bis in einer Höhe von über 1000 Kilometern nur noch Wasserstoff vorkommt. Die Übergangszone zwischen Homo- und Heterosphäre bezeichnet man als *Turbopause*, als Bereich, in dem die Turbulenzen aufhören.

Weitere Ursachen für die Schichtung sind vor allem die Temperaturabhängigkeit chemischer Prozesse und die je nach Dichte und Zusammensetzung der Atmosphäre unterschiedliche Durchlässigkeit für bestimmte Strahlen. Danach gliedert man die Atmosphäre in folgende Temperaturzonen:

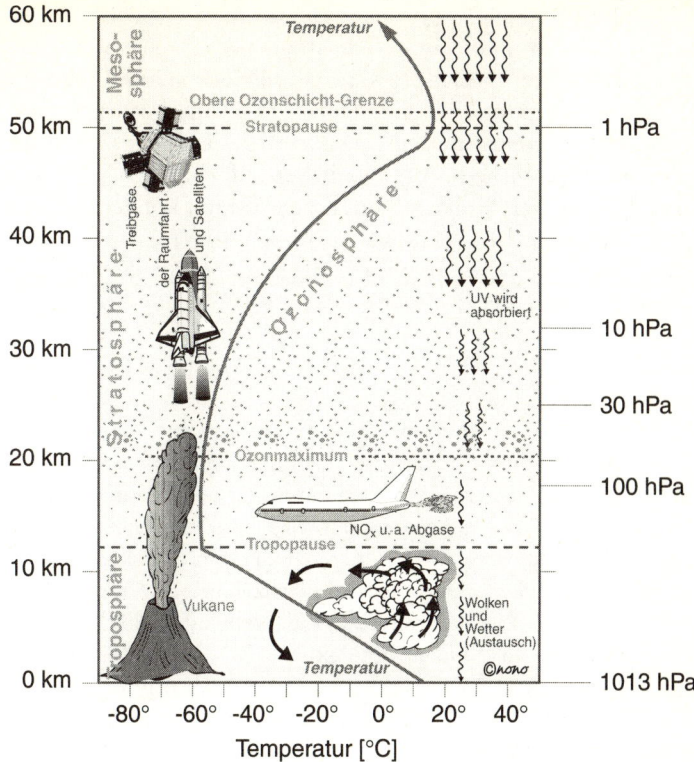

Abb. 1: Der Stockwerkaufbau der Atmosphäre, hPa = Luftdruck in Hektopascal

→ *Troposphäre*
Die Troposphäre, die als «Wettersphäre» schon im Kapitel «Vom Wetter zum Klima» eine Rolle spielte, ist die unterste und dichteste Schicht. Ihre Obergrenze schwankt je nach Jahreszeit und geographischer Breite. So liegt sie am Äquator zwischen 16 und 18 und an den Polen zwischen 8 und 12 Kilometern Höhe. Obwohl sie die dünnste aller Schichten der Atmosphäre ist, enthält sie fast 90 Prozent der gesamten Luft sowie des Wasserdampfes.

Erwärmt wird die Troposphäre hauptsächlich von der Erdoberfläche. Deshalb nimmt ihre Temperatur nach oben hin ab, und zwar um durchschnittlich 6,5 °C pro 1000 Höhenmeter. Da warme Gase nach oben steigen, kalte jedoch absinken, bewirken diese Temperaturunterschiede eine Zirkulation der Luft, die Grundlage allen Wettergeschehens. Aus dem in der Luft enthaltenen Wasserdampf bilden sich Wolken, in denen der Dampf kondensiert und Regen entstehen läßt. Den oberen Bereich der Troposphäre zwischen 9 und 18 Kilometer Höhe bildet die Tropopause. Hier herrschen Temperaturen zwischen etwa −50 °C an den Polen und −80 °C am Äquator.

→ *Stratosphäre*
Während die Temperatur in der Troposphäre mit zunehmender Höhe sinkt, bleibt sie in der trockenen und daher nahezu wolkenlosen Stratosphäre zunächst gleich, nimmt weiter oben aber allmählich wieder zu. Dieser Temperaturanstieg auf teilweise über 0 °C in der Stratopause, dem oberen Bereich der Stratosphäre in etwa 50 Kilometer Höhe, ist die Folge des gleichzeitigen Auf- und Abbaus von Ozon (O_3): Die energiereiche, kurzwellige UV-Strahlung der Sonne setzt hier aus Sauerstoffmolekülen (O_2) Sauerstoffatome (O) frei, die sich mit O_2 zu O_3 verbinden. Durch Absorption der UV-Strahlung zerfällt das Ozon zwar sofort wieder, doch indem sich die freien Sauerstoffatome sogleich erneut an molekularem Sauerstoff anlagern, kommt es zu einem Gleichgewicht innerhalb der die Erdoberfläche vor den Leben gefährdenden UV-Strahlen schützenden Ozonschicht.

→ *Mesosphäre*
An die Stratopause grenzt die Mesosphäre, in der die Temperatur bei zunehmender Höhe wieder abnimmt, bis sie in der Mesopause in 85 Kilometer Höhe mit −100 °C die tiefsten Werte erreicht. Es ist die kälteste Schicht der Atmosphäre. Die Anteile an Sauerstoff, Stickstoff und Kohlendioxid entsprechen weitgehend denen unmittelbar an der Erdoberfläche. Allerdings enthält die Mesosphäre mehr Ozon als die unteren Schichten, jedoch kaum Wasserdampf in Gestalt von Wolken aus Eiskristallen.

→ *Thermosphäre*
In der auf die Mesopause folgenden Thermosphäre, die bis in eine Höhe von etwa 500 Kilometern reicht, kann die Temperatur durch die Röntgenstrahlung der Sonne in Zeiten starker Sonnenaktivität auf weit über 1000 °C steigen. Ein Großteil dieser Hitze wird nach unten abgeleitet, um dann in der Nähe der Mesopause in den Weltraum abgestrahlt zu werden.

→ *Exosphäre*
Über der Thermopause schließlich kommt die Exo- oder auch Dissipationssphäre genannte äußerste Schicht. Da das Schwerefeld der Erde hier bereits so schwach ist, daß es die Moleküle der Gase nicht mehr recht zu halten vermag, entweichen sie von hier ins All. In welchem Maße dabei Materie verlorengeht, ist ausschlaggebend dafür, ob die Erde ihre Atmosphäre behält.

Der natürliche Treibhauseffekt

Die heutige Erdatmosphäre ist sehr durchlässig für das Sonnenlicht. Allerdings ist das für das menschliche Auge sichtbare Licht nur ein Teil der elektromagnetischen Wellen, die sich ähnlich ausbreiten wie Wasserwellen unterschiedlicher Länge und Frequenz. Die Wellenlängen von UV-Strahlen liegen im kurzwelligen Bereich jenseits des sichtbaren Lichts. Nur ein geringer Teil der UV-Strahlung gelangt auf die Erdoberfläche, und auch nur der mit Wellenlängen über etwa 290 nm. Die für das Leben auf der Erde schädliche starke UV-Strahlung unter 290 nm wird in etwa 20 bis 35 Kilometer Höhe durch die Ozonschicht der unteren Stratosphäre sehr wirkungsvoll absorbiert.

Während die Atmosphäre die Erde also weitgehend vor der UV-Strahlung schützt, ist sie durchlässig für das sichtbare Licht, das daher bis zur Erdoberfläche durchdringt und sie erwärmt. Die so gewonnene Wärmeenergie wird jedoch von der Erde in Gestalt von Infrarotstrahlung teilweise wieder in den Weltraum abgegeben. Daß diese Rückstrahlung nicht vollständig erfolgt, ist vor allem dem in der Atmosphäre enthaltenen Wasserdampf und Kohlendioxid sowie Methan und einigen anderen Spurengasen zu verdanken. Sie ab

Es werde Luft

> ## Elektromagnetische Strahlung
>
> Die Frequenz ist die Häufigkeit der Schwingungen pro Sekunde, die Wellenlänge der Abstand zwischen zwei Wellenbergen. Die Wellenlängen bestimmen die Farben des Lichts. Diese lassen sich sichtbar machen, indem man weißes Licht, das durch Überlagerung aller Wellenlängen der sichtbaren Strahlung entsteht, mit Hilfe eines Prismas, das die einzelnen Strahlen entsprechend ihrer Wellenlängen seitlich ablenkt, in seine Spektralfarben zerlegt. Das Licht mit der größten Wellenlänge erscheint dabei rot, das mit den kürzesten violett. Jede Strahlenquelle sendet ein für sie typisches Gemisch vieler verschiedener Wellenlängen aus, ihr Spektrum. Die Zusammensetzung eines Spektrums hängt ab von der Temperatur seiner Quelle, wobei von Körpern mit extrem hoher Oberflächentemperatur wie der Sonne eine Menge energiereicher Ultraviolettstrahlen ausgeht.
>
> | Strahlengruppen (Auswahl) | Wellenlängen |
> |---|---|
> | Infrarot-(IF-)Strahlung | ca. 800 nm–1 mm |
> | sichtbares Licht | ca. 700 nm–400 nm |
> | Ultraviolett-(UV-)Strahlung | ca. 380 nm–10 nm |
>
> 1 Nanometer ist 1 Millionstel eines Millimeters (1 nm = 10^{-9} m)

sorbieren die Infrarotstrahlen und werfen sie als Wärme zurück, die damit in den untersten Schichten der Atmosphäre und an der Erdoberfläche gefangen bleibt wie in einem Treibhaus, dessen Glasdach zwar Licht herein-, Wärme aber nicht hinausläßt. Ohne Wasserdampf und Kohlendioxid in der Atmosphäre gäbe es diesen natürlichen «Treibhauseffekt» nicht. Die mittlere Temperatur der Erde läge ohne einen natürlichen Treibhauseffekt nicht wie heute bei ungefähr +15 °C, sondern bei nur etwa −18 °C, nach manchen Berechnungen womöglich sogar noch niedriger. Damit aber wäre es für das Leben auf der Erde zu kalt.

Es werde Luft

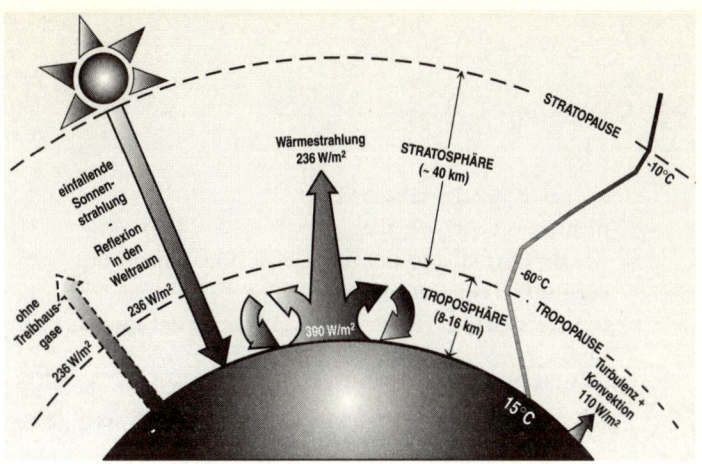

Abb. 2: Der natürliche Treibhauseffekt der Erde

3 Klima und Leben

In diesem Kapitel erfahren Sie
- nicht, was Leben ist, aber
- was die Grundbausteine des Lebens sind und wie sie vermutlich entstanden,
- wie der Sauerstoff in die Atmosphäre und das Eisen in den Boden kam,
- wie sich die Ozonschicht bildete und
- warum es auf der Erde so kalt wurde, daß das Wasser gefror.

Was ist Leben?

So einfach die Frage scheint, so schwer ist sie zu beantworten. Daher sollen hier lediglich einige wesentliche Merkmale genannt werden, durch die sich Organismen von unbelebter Materie unterscheiden. Allen voran sind dies die Fähigkeiten:
- als Einzelwesen Stoffe aufzunehmen, auszutauschen und chemisch umzuwandeln,
- sich fortzupflanzen sowie
- sich als Gattungswesen zu entwickeln und neuen Umweltbedingungen anzupassen.

Das Wesen des Lebens beruht also vermutlich auf übergeordneten Organisations- bzw. Ordnungsprinzipien. Diese aber können an dieser Stelle nicht Gegenstand der Betrachtung sein.

Die Bausteine lebender Stoffe

Alle Materie, belebte wie unbelebte, besteht aus Atomen. Atome sind die kleinsten Teilchen mit den charakteristischen Eigenschaften eines chemischen Elements. Es sind die chemischen Grundbausteine der Welt.

99 Prozent des Universums einschließlich aller Organismen sind gebildet aus den sechs Elementen Wasserstoff, Helium, Kohlenstoff, Stickstoff, Sauerstoff und Neon. Da die Zusammensetzung lebender Stoffe zwischen der mittleren Zusammensetzung des Universums und der der heutigen Erde liegt, stellt sich die Frage, ob das Leben entstand, als der chemische Aufbau der Erde dem des Kosmos noch ähnlicher war, und sich die Zusammensetzung der Erde erst später verändert hat. In diesem Fall müßte es schon in einem sehr frühen Stadium der Erdgeschichte Leben gegeben haben.

Die Ursprünge des Lebens

Die ältesten Gesteinsschichten, in denen sich Hinweise auf die Existenz von Mikroorganismen finden, sind rund 3,8 Milliarden Jahre alt. Das Leben muß also entstanden sein, als die Erde kaum älter war als 700 Millionen Jahre. Damals enthielt die Atmosphäre außer Wasser und Stickstoff vor allem Kohlendioxid, Schwefelwasserstoff, Kohlenmonoxid und Wasserstoff sowie Spuren von Ammoniak und Methan, aber keinen oder fast keinen freien Sauerstoff. Diese Zusammensetzung entspricht ungefähr dem Gemisch heutiger vulkanischer Gase. Wie die chemische Analyse nur wenig jüngeren, kohlenstoffhaltigen Gesteins zeigt, müssen relativ bald darauf einzellige Lebewesen den Kohlenstoffkreislauf der Erde bestimmt haben.

Wenngleich wir nicht wirklich wissen, wie das Leben entstand, ist es wahrscheinlich, daß es sich als Folge einer durch Zufuhr von Energie in Gestalt energiereicher Strahlung, elektrischer Entladungen in Blitzen, sehr hoher Temperaturen und Drücken ausgelösten Kette chemischer Reaktionen gebildet hat. Kohlenstoff spielte dabei die zentrale Rolle, weil kein anderes Element eine solche Fülle verschiedener chemischer Verbindungen in Gestalt langkettiger oder ringförmiger Moleküle einzugehen vermag. Wie Stanley L. Miller (geb. 1930) 1953 in einem Experiment nachwies, bei dem er die Bedingungen der damaligen Atmosphäre im Labor simulierte, lassen sich Aminosäuren sogar auf recht einfache Weise herstellen. Diese «organisch» genannten Moleküle auf Kohlenstoffbasis, aus denen sich später Makromoleküle wie Nukleinsäuren und Proteine, das heißt Eiweiße, entwickelten, sind die Bausteine allen tierischen wie pflanzlichen Lebens – bis hin zur Desoxyribonukleinsäure (DNS), der Erbsubstanz.

Sauerstoff

Entstand auf diese Weise vermutlich das Belebte aus dem Unbelebten, ohne daß sich eine klare Grenze zwischen beiden ziehen ließe, so muß sich dies ereignet haben, noch bevor die Atmosphäre größere Mengen freien Sauerstoffs enthielt. Sauerstoff verhindert nämlich nicht nur die Synthese von Aminosäuren, sondern zerstört auch organische Verbindungen.

Der hohe Anteil von Sauerstoff an der heutigen Atmosphäre wurde im Verlauf von über 2 Milliarden Jahren angereichert. Dieser Prozeß begann vor etwa 4 Milliarden Jahren mit dem Auftreten der ersten Bakterien, die ihren Bedarf an Kohlenstoff durch Photosynthese unter Freisetzung von Sauerstoff aus Kohlendioxid deckten. Der von diesen auch Blaualgen genannten Cyanobakterien ausgeschiedene Sauerstoff reicherte sich zunächst im Meerwasser an, wo er sich mit dem darin enthaltenen Eisen verband, das sich, dadurch wasserunlöslich geworden, auf dem Meeresboden ablagerte. So entstanden rund 90 Prozent aller Eisenerzvorkommen. Nachdem fast das gesamte Eisen oxidiert und das Kohlendioxid der Atmosphäre bis auf einen kleinen Rest beseitigt war, begann der Sauerstoff auszugasen.

Klimawandel durch Leben

Hatte sich das Klima anfangs allein aufgrund physikalischer und anorganischer chemischer Prozesse gewandelt, waren mit dem Erscheinen der Cyanobakterien lebende Organismen als wesentlicher Faktor für Klimaänderungen hinzugekommen: Indem sie zugleich Sauerstoff freisetzten und Kohlenstoff banden, entzogen sie der Atmosphäre im Laufe der Zeit das Kohlendioxid bis auf einen kleinen Rest. Dadurch nahm der Treibhauseffekt ab, und die von der Erde abgestrahlte Wärme konnte nun leichter in den Weltraum entweichen. Während sich also das Klima proportional zur Abnahme des

Kohlendioxids weiter abkühlte, nahm die Konzentration des Sauerstoffs in der Atmosphäre zu.

Zugleich bewirkte die noch immer hohe UV-Strahlung der Sonne eine Spaltung des in immer größeren Mengen in die Atmosphäre gelangenden molekularen O_2 in atomaren Sauerstoff (O), der sich dann mit O_2 zu Ozon (O_3) verband. Dies führte allmählich zur Bildung einer Ozonschicht in der Stratosphäre, die nun ihrerseits die energiereichsten UV-Strahlen absorbierte und so die Erdoberfläche schützte. Erst nachdem sich der Ozonschild, der heute rund 70 Prozent der UV-Strahlung herausfiltert, vor rund 400 Millionen Jahren vollständig gebildet hatte, war die Voraussetzung für die Entwicklung von Landlebewesen gegeben.

Der Urey-Effekt

Schon zuvor mußten Organismen also irgendwie vor den gefährlichsten UV-Strahlen geschützt worden sein. Wie Harold C. Urey (1893–1981) herausfand, geschah dies photolytisch durch Absorption von UV-Strahlung, die Wasser (H_2O) in Wasserstoff und Sauerstoff spaltete: Während sich der leichte Wasserstoff ins All verflüchtigte, blieb der Sauerstoff zurück und bildete eine dünne Ozonschicht. Die geringe Konzentration von etwa 0,02 Prozent des heutigen Sauerstoffanteils an der Atmosphäre aber absorbiert besonders wirkungsvoll gerade die für Aminosäuren schädlichen Strahlen mit Wellenlängen von etwa 260 Nanometern.

Da das Ozon nun weniger UV-Strahlung auf die Wasseroberfläche ließ, wurde die Photolyse gebremst, dadurch weniger Sauerstoff freigesetzt und somit die Ozonschicht dünner – was zur Folge hatte, daß wieder mehr UV-Strahlung das Wasser erreichte und die Photolyse erneut in Gang setzte.

Dieser nach seinem Entdecker benannte selbstregulatorische Effekt führte zu einem Gleichgewichtszustand, der den Sauerstoffgehalt der Atmosphäre automatisch so niedrig hielt, daß er gerade ausreichte, um die Bildung von Aminosäuren zu ermöglichen.

Leben aus dem Wasser?

Ebenfalls Schutz bot das Wasser, da es ab etwa 10 Metern Tiefe für UV-Strahlung nicht mehr durchlässig ist. Weil Photosynthese aber ohne Licht nicht möglich ist, gedeihen Cyanobakterien, die sonst sogar in heißen Quellen oder unter meterdickem Eis überleben können, in der Regel nicht im Dunklen. Nur einigen von ihnen gelingt es, Glukose als Energie- und Kohlenstoffquelle zu nutzen. Ohne Licht hingegen kommen Bakterien aus, die ihre Energie durch Chemosynthese gewinnen. Die ältesten Fossilien, die auf die Existenz von Chemobakterien deuten, sind 3,8 Milliarden Jahre alt.

Beide Arten dieser autotrophen, sich ausschließlich von anorganischen Stoffen ernährenden Bakterien waren Prokaryoten, das heißt, sie besaßen keinen Zellkern. Aber sie hatten bereits eine Membran, welche die Zelle von der Außenwelt abgrenzt und damit die Voraussetzung für ihre Existenz als ein in sich geschlossener Organismus ist. Wie sich die Membran gebildet hat, ist ungeklärt.

Eine der meistdiskutierten und umstrittenen Theorien geht davon aus, daß Zellmembranen aus Fettsäuren bestehen, sogenannten Lipiden, für deren Entstehung es extrem hoher Temperaturen bedarf. Temperaturen von bis zu 450 °C aber herrschen in der Tiefsee an Stellen, wo aus dem Erdinneren heißes Wasser austritt. Tatsächlich fand man in der Nähe solcher schwarzen Schlote Reste von Archaebakterien mit gegen chemische und physikalische Einflüsse besonders widerstandsfähigen Membranen. Funde dieser urtümlichsten aller uns bekannten Organismen, die sich von Stoffen wie Schwefel, Methan und sogar Metallen ernährten, lassen auf ein Alter von 3,2 Milliarden Jahre schließen.

Vom Gift zum Lebenselixier

Vertrugen Archaebakterien keinen Sauerstoff, so sind Cyanobakterien die ersten bekannten Organismen, die durch Photosynthese Sauerstoff freisetzten. Damit müssen sie spätestens vor etwa 2,5 Milliarden Jahren begonnen haben. Obwohl Sauerstoff für Aminosäuren Gift ist, bedeutete dies so lange keine Gefahr, wie es im Wasser genügend gelöstes Eisen gab, das den freigesetzten Sauerstoff binden konnte. Als dieser Vorrat jedoch zur Neige ging und der Sauerstoff in die Atmosphäre gelangte, wo er sich nun mit dem Eisen auf der Erdoberfläche verband, bis auch dieses aufgebraucht war, begannen einige Bakterien Eiweißstoffe zu produzieren, sogenannte Enzyme, welche die Wirkung des Sauerstoffs zunächst zu hemmen und schließlich völlig zu neutralisieren vermochten.

Von da mag der Schritt zur Bildung von Enzymen, die den Sauerstoff als wirksamen Energielieferanten für den Abbau organischer Stoffe nutzten, nicht mehr weit gewesen sein. Dies aber führte zu einer weiteren, sich ständig beschleunigenden Zunahme des Sauerstoffanteils an der Atmosphäre auf 0,2 Prozent vor 1,4 Milliarden Jahren, der sich bis vor 400 Millionen Jahren auf 2 Prozent erhöhte und heute bei knapp 21 Prozent liegt.

Die Schneeball-Erde

Die Folgen der Zunahme des Sauerstoff- und gleichzeitiger Abnahme des Kohlendioxidanteils an der Atmosphäre waren gewaltig: Aufgrund des reduzierten Treibhauseffekts sanken die Temperaturen allmählich, bis sich in manchen Regionen Eis bildete. 1964 stellte Brian Harland gar die Behauptung auf, die Erde sei vor etwa 600 Millionen Jahren komplett vereist gewesen und wie ein riesiger Schneeball um die Sonne gekreist. Diese These ist jedoch umstritten – manche sprechen nur von einer «Matschball-Erde» mit eisfreien Ozeanflächen am Äquator –, denn es fragt sich, wie die Organismen Millionen von Jahren völliger Vereisung hätten überleben können. Weitgehend Einigkeit herrscht jedoch inzwischen unter Klimaforschern, daß es etwa zwischen 2,5 und 2,3 Milliarden sowie zwischen 900 und 600 Millionen Jahren vor unserer Zeit zwei große Vereisungsphasen gegeben hat. Aufgetaut sei die Erde dazwischen immer wieder, wenn infolge der Vereisung die bakterielle Produktion weitgehend zum Erliegen gekommen und der CO_2-Gehalt daraufhin wieder gestiegen sei.

Boten aus der Vergangenheit

Ob unsere Erde tatsächlich einmal einem riesigen Schneeball geglichen hat oder nicht, bleibt dahingestellt. Sicher jedoch ist, daß auf der Erde einst Bedingungen herrschten, welche die Entwicklung von anorganischen Molekülen zu lebenden Zellen überhaupt erst ermöglichten. Das aber heißt, daß Leben unter den heute auf der Erde herrschenden klimatischen Gegebenheiten nicht mehr spontan aus unbelebter Materie entstehen könnte. Doch haben Organismen aus jenen frühen Zeiten bis in unsere Tage überlebt, wie uns jene Stromatolithen genannten Kalkknollen zeigen, die noch heute von Cyanobakterien gebildet werden: Boten aus einer vergangenen Welt.

4 *Klima und Evolution im Erdaltertum*

In diesem Kapitel erfahren Sie,
- wie das Klima die Evolution von Pflanzen und Tieren beeinflußt,
- warum die Verschiebung der Kontinente das Klima verändert,
- warum Gestein, Wasser und Luft zirkulieren,
- wie Pflanzen das Klima bestimmen,
- warum es immer wieder zu Massenaussterben kam.

Vom Einzeller zum Vielzeller

Die Periode vom Auftauchen der ersten Lebewesen bis zum Erscheinen vielzelliger Organismen bezeichnet man als Proterozoikum – aus griechisch *proteros* (erstes) und *zoon* (Lebewesen). Es umfaßt den Zeitraum von vor etwa 4 Milliarden bis vor rund 545 Millionen Jahren, wobei die ersten weichkörprigen Vielzeller vermutlich bereits vor 600 Millionen Jahren oder noch früher lebten. Eine wichtige Vorstufe zu ihnen bildeten die tierischen und pflanzlichen Eukaryoten. Im Gegensatz zu ihren Vorläufern, den Prokaryoten, besitzen Eukaryoten einen Zellkern, der das genetische Material enthält. Wie der Zellkern entstand, ist nicht geklärt. Sicher ist jedoch, daß es schon vor mindestens 700 Millionen Jahren vielzellige Eukaryoten gab. Mit ihrem Auftreten war die Voraussetzung geschaffen für die Evolution aller Pflanzen und Tiere bis hin zum Menschen.

Die kambrische Explosion

Zu einer geradezu sprunghaften Entwicklung kam es, als sich die Körperhülle einiger Vielzeller zu Beginn des Erdaltertums, des Paläozoikums, durch Ausscheidung organischer Substanzen zu verhärten begann. So bildeten zunächst Arthropoden (Gliederfüßer) Panzer aus Chitin und Brachiopoden (Armfüßer) Gehäuse aus hornähnlichem Material. Trilobiten, eine Art Urkrebse, sind die Leitfossilien der Arthropoden dieser Epoche.

Im weiteren Verlauf des Kambriums, das etwa den Zeitraum von vor 542 bis 488 Millionen Jahren umfaßt, umgaben sich einige Tiere mit harten, kalkhaltigen Schalen als schützendem Außenskelett. Wie es dazu kam, ist umstritten. Möglicherweise könnte eine Zunahme des Gehalts an Kalziumkarbonat im Meerwasser Auslöser für das Auftauchen dieser Tierarten gewesen sein. Einer anderen Theorie zufolge könnte die Zunahme des Sauerstoffanteils an der Atmosphäre, die sogenannte «Sauerstoff-Krise», die Entwicklung von Organismen mit völlig neuen Stoffwechseleigenschaften und in der Folge auch anderem Körperbau bewirkt haben.

Fest steht jedoch, daß in dem geologisch kurzen Zeitraum des Kambriums, in dem es bis in hohe Breiten wärmer war als heute, gleichsam explosionsartig nicht nur zahlreiche neue Arten entstanden, sondern auch die Baupläne nahezu aller mehrzelligen Tiere, die seitdem auf der Erde leben, einschließlich der Vorläufer der Wirbeltiere.

Kontinentalverschiebung

Die kambrische Artenexplosion spielte sich vor allem in jenen riesigen Bereichen flacher Gewässer und Schelfmeere ab, die entlang der langen Küstenlinien entstanden waren, nachdem der von dem Geologen Hans Stille (1876–1966) postulierte, Megagäa genannte und von Ian W. D. Dalziel 1997 beschriebene, als Pannotia bezeichnete Superkontinent im Präkambrium in die vier, durch den Ozean Iapetus getrennten Kontinente Gondwana, Laurentia, Baltica und Sibiria zerbrochen war. Damit war zu den Faktoren, die bisher die Evolution bestimmt hatten und zu denen auch das Klima gehört, ein weiterer wichtiger Faktor gekommen: die Kontinentaldrift.

Motor für die Verschiebung der Kontinente, die ihrerseits wiederum Auswirkungen auf die Entwicklung des Klimas hat, ist die durch die Hitze im Erdinnern bewirkte Umwälzung der Gesteinsmassen sowohl im Erdmantel als auch im darunterliegenden flüssigen äußeren Kern sowie das damit zusammenhängende «Seafloor-Spreading», die Spreizung des Meeresbodens. Dabei tritt an den Rändern der tektonischen Platten am Ozeanboden basaltische Lava aus, die, indem sie erstarrt, neue Ozeankruste bildet und die Platten auseinanderdrückt.

Thermohaline Meeresströmungen

Wärme ist nicht nur die Ursache für die Bewegung der Platten der Lithosphäre, der Gesteinshülle der Erde, die neben den Kontinenten auch die ozeanischen Teile der Erdkruste umfaßt, sie ist auch Antriebskraft von Meeresströmungen: Wie im Erdinneren heißes und damit weniger dichtes Material aufsteigt, kaltes und somit dichteres Gestein hingegen absinkt, wird auch das Wasser der Ozeane durch die Schwerkraft umgewälzt.

Anders als bei der Plattentektonik ist die Energiequelle für die Dichteströme der Meere jedoch nicht die Wärme des Erdinneren, sondern die der Sonne: Ihre Strahlen erwärmen das Oberflächenwasser am stärksten in Äquatornähe, während es in hohen Breitengraden abkühlt, wo es, derart verdichtet, in tiefere Regionen absinkt.

Verstärkt wird dieser Effekt des polwärts gerichteten Wärmestroms, der warmes, leichtes Oberflächenwasser zu den Polen hin, kaltes, schweres Tiefenwasser hingegen in Richtung Tropen führt, durch Änderungen des Salzgehaltes, der Salinität. Indem in den Polargebieten Meerwasser zu Eis friert, wird nämlich das Salz ausgepreßt, sodaß sich der Salzgehalt des Wassers und damit dessen Dichte erhöht und es folglich sinkt. Unterschiede in Temperatur und Salinität bewirken also zusammen die thermohaline – von griechisch *thermos*, Wärme, und *halos*, Salz – Zirkulation der Wassermassen.

Horizontale Meeresströmungen

Neben den Mechanismen der thermohalinen Zirkulation verursachen weitere Kräfte horizontale Meeresströmungen. Hierzu zählen die Corioliskraft, die aufgrund der Erdrotation Luft und Wasser auf der Nordhalbkugel nach rechts, auf der Südhalbkugel hingegen nach links ablenkt, Reibungs- und Schubkräfte von ständig in einer Richtung wehenden Winden sowie Druckkräfte. Letztere werden durch Wasserspiegelgefälle – infolge von Verdunstung und der Ausdehnung des Wassers bei Erwärmung – sowie durch von der Anziehungskraft des Mondes bewirkte Gezeitenwellen hervorgerufen.

Während Luftströmungen an der Oberfläche der Erde zwar verwirbelt, nicht aber völlig aufgehalten werden, werden Meeresströmungen von den Küsten der Kontinente blockiert und abgelenkt. So kam es im Kambrium durch die Wechselwirkung zwischen Kontinentaldrift sowie kalten und warmen Meeres- und Luftströmungen zu einem komplexen, sich ständig wandelnden Klimageschehen, das die Lebensbedingungen für die noch immer ausschließlich rein marine Fauna und Flora ständig veränderte und zu immer neuen Anpassungen zwang. Dies mag einerseits die rapide Zunahme der Artenvielfalt, andererseits aber auch die Artensterben im Laufe des Kambriums erklären.

Kontinentaldrift und Vereisung

Gegen Ende des Kambriums starben – anscheinend infolge einer Änderung des Meeresspiegels – zahlreiche Arten aus, darunter die Mehrzahl der Trilobiten. Im darauf folgenden Ordovizium (bis vor etwa 443 Millionen Jahren) entstanden eine Vielzahl neuer Arten, darunter die ersten echten Wirbeltiere in Gestalt kieferloser Fische. In dieser Zeit stieg der Sauerstoffgehalt der Atmosphäre auf einige Prozent, wodurch der Ozonschutz derart verstärkt wurde, daß erste moosähnliche Pflanzen das Festland erobern konnten. Das Auftreten von Landpflanzen wiederum ist wahrscheinlich der Grund für ein weiteres Absinken des CO_2-Gehalts der Atmosphäre und damit für eine erneute Vereisungsphase gegen Ende des Ordoviziums.

Daß diese dritte Eiszeit weniger extrem ausfiel als die beiden früheren, lag daran, daß die Vergletscherung auf den Südpol beschränkt blieb, da die nördliche Hemisphäre fast vollständig von Wasser bedeckt war. Andererseits befand sich, wie die Ausrichtung des Magnetfeldes von eisenhaltigem Gestein in Nordafrika zeigt, Gondwana damals infolge der Kontinentaldrift am Rande des Südpols, wodurch eine großflächige Vereisung des Festlands möglich war. Hätte sich der Pol in der Mitte der riesigen Landmasse befunden, wäre das Innere des Kontinents zu trocken gewesen, um zu vereisen. So aber bildete sich eine dicke Polareisdecke, wodurch der Meeresspiegel möglicherweise um bis zu 100 Meter fiel. In Verbindung mit der Abkühlung des Meerwassers führte dies zum Untergang eines Großteils des marinen Lebens und damit zum ersten und zugleich zweitgrößten der fünf großen Massenaussterben vom Kambrium bis heute.

Tod aus dem All?

Die jüngste Theorie über das Artensterben am Ende des Ordoviziums nimmt als Ursache für die damalige Vereisung eine gewaltige Explosion in der Milchstraße an, bei der ein sterbender Stern innerhalb von Sekunden ungeheure Mengen Energie in Form von Gammastrahlen freisetzte. Dieser Gammablitz könnte den Ozonschild der Erde so schwer geschädigt haben, daß die UV-Strahlung der Sonne weitgehend ungefiltert die Erdoberfläche erreicht und dort bis in eine Wassertiefe von einem Meter alles Leben vernichtet haben könnte. Die durch die Gammastrahlen in der Atmosphäre ausgelösten chemischen Reaktionen hätten zudem zur Bildung einer Smogschicht geführt, und diese wiederum zur Abkühlung des Klimas bis zur Vereisung.

Landgang der Pflanzen

Was den einen den Tod brachte, bot anderen neue Möglichkeiten. So mag der niedrige Meeresspiegel die Eroberung des Festlands durch Pflanzen begünstigt haben. Jedenfalls entwickelte sich im Silur (bis vor etwa 416 Millionen Jahren) mit der moosähnlichen *Cooksonia* die erste bekannte aufrecht wachsende Gefäßpflanze.

Da das Leben auf dem Land neben dem Schutz vor Verdunstung unter anderen auch Organe zur Aufnahme und zum Transport von Wasser und Nährstoffen gegen die Schwerkraft sowie von Energie durch Photosynthese erforderte, entwickelten die Pflanzen während des Devons (bis vor etwa 359 Millionen Jahren) und Karbons (bis vor etwa 299 Millionen Jahren) spezialisierte Gewebe aus Kutin zum Schutz gegen Verdunstung und UV-Strahlung, weiterhin Lignin zur Verbindung und Festigung der Stützzellen und vor allem Cellulose als Gerüstsubstanz. Diese Entwicklung führte schließlich dazu, daß vor etwa 330 Millionen Jahren tropische Wälder riesige Landflächen bedeckten.

Der Kohlenstoff, den die Pflanzen dabei im Laufe von Jahrmillionen der Atmosphäre entzogen, wurde als fossile Biomasse in Gestalt großer Steinkohlelagerstätten in der Lithosphäre gebunden, sodaß sich der CO_2-Gehalt der Luft allmählich den heutigen Werten annäherte, während der Sauerstoffanteil sogar darüber lag. Damit waren die Landpflanzen zu einem entscheidenden Klimafaktor geworden.

Ermöglicht hatte dies zunächst die Drift des Riesenkontinents Gondwana von seiner südpolaren Randlage am Ende des Ordoviziums über den Südpol, wodurch die Polareisdecke schmolz, der Meeresspiegel stieg und niederschlagsreiche Gebiete bereits in Breiten von 30 und 50 Grad lagen. Das Klima im Devon war daher meist wärmer als heute.

Landgang der Tiere

Da sich Tiere ausschließlich von anderen Organismen, das heißt heterotroph, ernähren, konnten sie erst nach den Pflanzen dauerhaft das Festland besiedeln. Vermutlich haben als erste Tiere einige Arthropoden gegen Ende des Silurs – und damit etwa 50 Millionen Jahre nach dem ersten Landgang von Pflanzen – das Wasser verlassen.

Wie die Pflanzen mußten auch die Tiere neue Organe entwickeln, um sich an das Leben auf dem Lande anzupassen. So führte die Notwendigkeit, sich bei der an Land viel stärker als im Wasser auf die Körper wirkenden Schwerkraft fortzubewegen, zur Bildung eines Skeletts als tragender Stütze. Und um zur Verbrennung der Nahrung Sauerstoff aus der Luft aufnehmen und das beim Stoffwechsel entstandene Kohlendioxid abgeben zu können, entwickelten sich neuartige Atmungsorgane wie Tracheen und Lungen.

Während die ersten Spinnen und mit den Springschwänzen (Collembola) die ersten noch flügellosen Urinsekten bereits im Mittleren Devon nachweisbar sind, traten Landwirbeltiere erst im Oberdevon auf. Bei diesen ältesten Vierfüßern oder Tetrapoden handelte es sich um Uramphibien, die aus den Vorfahren des noch heute als lebendes Fossil vorkommenden Quastenflossers hervorgegangen waren.

Die Doppelkrise des Devons

Sowohl in der Mitte des Oberdevons, an der Grenze zwischen Frasnium und Famennium, als auch an der Grenze zwischen Devon und Karbon ereigneten sich Massenaussterben ganzer Tiergattungen. Diese als Kellwasser- und Hangenberg-Krise bekannten Ereignisse, in deren Verlauf über zwei Drittel allen marinen Lebens ausgelöscht wurde, sind vermutlich auf das Zusammenwirken mehrerer Faktoren zurückzuführen, wobei die Wissenschaftler noch keine allgemein anerkannte Erklärung gefunden haben.

Zu den Faktoren, die als Ursachen für die Krisen gegen Ende des Devons – des «Zeitalters der Fische» – diskutiert werden, zählen Sauerstoffmangel in den Ozeanen, eine durch den Stoffwechsel der Landpflanzen verursachte Abnahme des CO_2-Gehalts der Atmosphäre, Vulkanismus, einer oder mehrere Einschläge großer Meteoriten sowie möglicherweise wiederholte Wechsel zwischen Treibhaus- und Eishausbedingungen. Weitgehend Einigkeit herrscht lediglich darüber, daß es im Famennium mindestens eine starke, vermutlich abrupte Abkühlung gegeben hat, die zur Vereisung Gondwanas und dadurch zum Absinken des Meeresspiegels und Austrocknen der besonders artenreichen Flachwassergebiete führte.

Die Doppelkrise des Devons war das zweite Massenaussterben seit dem Kambrium und das drittgrößte überhaupt.

Die Entstehung des Megakontinents Pangäa

Hauptursache für die starke Abkühlung am Übergang vom Devon zum Karbon war wohl die Kontinentalverschiebung: Bereits im Silur hatten sich die Kleinkontinente Baltica, Sibiria und Laurentia zu dem auch «Old-Red-Continent» genannten Nordkontinent Euramerika vereinigt, wodurch der Iapetus-Ozean verschwand und

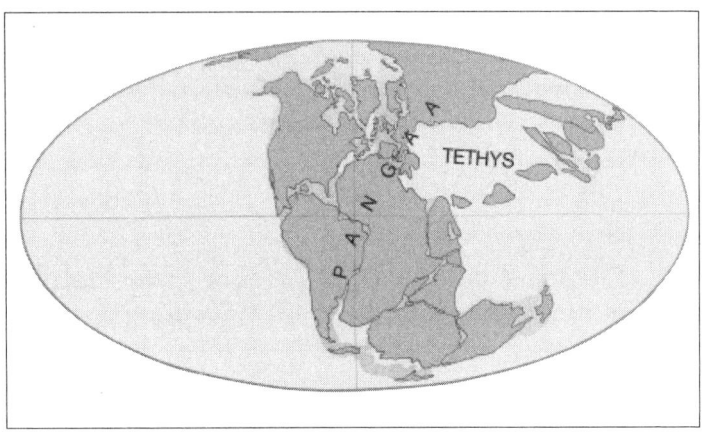

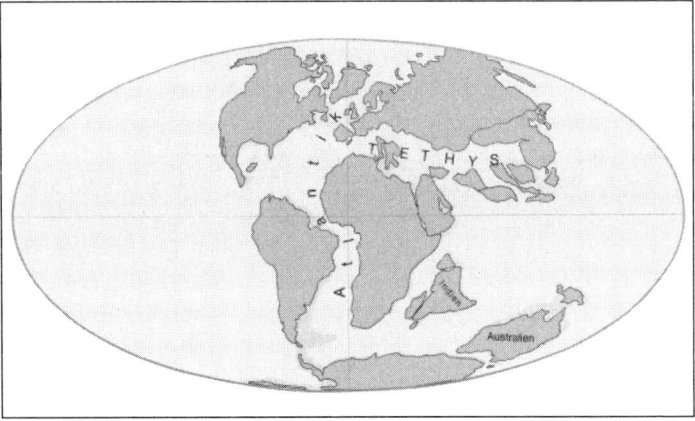

Abb. 3: Im Perm (vor 299 bis 251 Mio. Jahren) waren alle Kontinente zu einer Landmasse verschmolzen. Auf der Ostseite des Riesenkontinents Pangäa hatte sich eine Senkungszone mit dem Palaeo-Tethys-Meer gebildet (links oben). Das Auseinanderbrechen von Pangäa an der Trias-Jura-Grenze (vor 199 Mio. Jahren) und das Auseinanderdriften der Teilkontinente Eurasien und Nordamerika im Jura (bis vor 145 Mio. Jahren), das zum Eindringen der Wassermassen der Tethys zwischen den Nordkontinent Laurasia und den Südkontinent Gondwana sowie zur Entstehung des Antlantikbeckens führte (links unten), hatte weitreichende Folgen für das

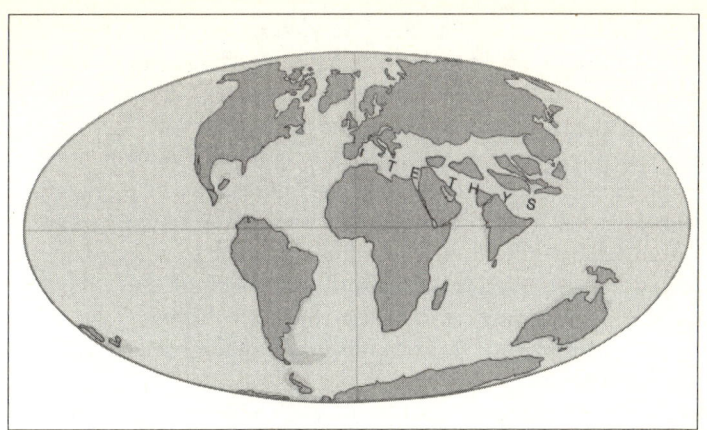

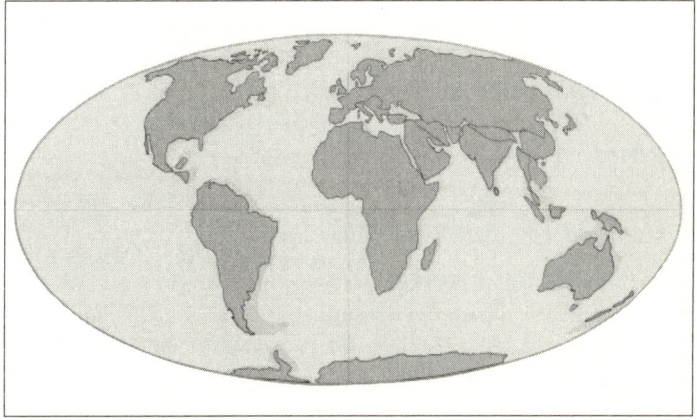

globale Klimageschehen. Gewinner dieser Entwicklung waren die Dinosaurier. Durch die fortschreitende Spreizung des Meeresbodens entlang des Mittelatlantischen Rückens dehnte sich der Atlantik im Tertiär (vor 65 bis 1,8 Mio. Jahren) weiter aus, während die Indische Platte nach Norden driftete (rechts oben). Im Quartär (vor 1,8 Mio. bis heute) nahmen die Kontinente durch die Norddrift der Afrikanischen sowie der Arabischen und Indisch-Australischen Platten die heutige Lage ein (rechts unten), wodurch das Mittelmeer als Rest des Tethys übrigblieb und durch den Zusammenprall Indiens mit der Eurasien-Platte der Himalaya entstand.

Klima und Evolution im Erdaltertum

Old Red auf den Südkontinent Gondwana zudriftete. Dieser aber war inzwischen im Uhrzeigersinn so weit nach Norden gewandert, daß er sich erneut in Polrandlage befand und es infolgedessen ein viertes Mal zur Festlandvereisung kam.

Zugleich verengte sich die breite, ursprünglich äquatoriale Meeresstraße zwischen den beiden Großkontinenten, in deren warmen Gewässern sich eine reiche Fauna entwickelt hatte, bis sie sich im Laufe des späten Karbons ganz schloß. Dadurch kam es nicht nur zu einem massiven Verlust an Lebensraum der Meerestiere, sondern auch zu einer Inversion, das heißt zu einer Umlenkung der kalten Meeresströme in die Tropen, was die Abkühlung weiter verstärkt haben dürfte.

Im Perm (bis vor etwa 251 Millionen Jahren) verschmolzen dann sämtliche Kontinente zu einer einzigen Landmasse, dem sich über alle Breitengrade und Klimazonen erstreckenden, bereits von dem Begründer der Kontinentalverschiebungstheorie Alfred Wegener (1880–1930) postulierten Urkontinent, der Pangäa. Umgeben war dieser Megakontinent, der auf seiner Ostseite in einer Senkungszone – einem riesigen Binnenmeer gleich – das Paläo-Tethys-Meer einschloß, von dem Weltozean Panthalassa.

Steinkohlenwälder als Kohlenstoffspeicher

Durch die Kollision von Euramerika und Gondwana wurden im Karbon und Perm mehrere breite Gebirgsmassive aufgefaltet, darunter das Variskische Gebirge West- und Mitteleuropas. Da am Saum dieser Gebirge entlang des Äquators ein niederschlagreiches, tropisches Klima herrschte, gediehen dort vor allem noch blütenlose, farnartige Pflanzen wie Calamiten *(Calamites)*, bis zu 30 Meter hohe Schachtelhalme von baumartigem Aussehen, oder zu den Bärlappgewächsen gehörende Schuppen- *(Lepidodendron)* und Siegelbäume *(Sigillaria)*, deren Wipfel sich bis zu 40 Meter über die Sumpfböden der feuchten Niederungen erhoben.

Aus den dicken Lagen von Resten abgestorbener Pflanzen, die der Atmosphäre große Mengen Kohlenstoff entzogen und damit zur Abschwächung des Treibhauseffektes beitrugen, bildeten sich mächtige Torfmoore, die sich im Laufe von Jahrmillionen unter dem hohen Druck des Abtragungsschutts der aufsteigenden Faltengebirge zuerst in Braun- und dann in Steinkohleflöze wandelten. Zusammen mit den Kalkgesteinen speichern sie seither den bei weitem größten Teil des irdischen Kohlenstoffs.

Die Verdrängung der Amphibien

Nach der Doppelkrise gegen Ende des Devons, von der infolge einer raschen Abkühlung vor allem tropische Tierarten betroffen waren, Landpflanzen hingegen weniger, kam es im Karbon wieder zu einer raschen Zunahme der Artenvielfalt. An Land erschienen neben Spinnen, Tausendfüßern und Lungenschnecken geflügelte Insekten, deren Flügel zunächst – wie die der heutigen Eintagsfliegen und Libellen – noch nicht zusammenfaltbar waren, im späten Karbon auch schon Insekten mit faltbaren Flügeln.

Die einzigen Landwirbeltiere waren bis dahin pflanzenfressende Amphibien gewesen, die zwar Luft atmen konnten, um nicht auszutrocknen, aber an Gewässer oder zumindest an sehr feuchte Lebensräume gebunden waren.

Für das Überleben auch in anderen Regionen der Erdoberfläche, die mittlerweile großräumig von Pflanzen bedeckt war, bedurfte es jedoch eines Schutzes vor Austrocknung und großen Temperaturschwankungen. Hierzu entwickelten die Vorfahren der Reptilien eine schützende Hornhaut aus Keratin sowie hartschalige Eier mit einer inneren Embryonalhülle, dem Amnion. Deshalb werden die höheren Wirbeltiere, zu denen neben den Reptilien auch die Tierklassen Vögel und Säugetiere zählen, Amnioten genannt. Sie waren so gut an terrestrische Bedingungen angepaßt, daß sie nicht einmal mehr zur Fortpflanzung ins Wasser zurückkehren mußten. Eine wesentliche Voraussetzung für den Aufstieg der Reptilien seit dem Mittleren Karbon war also ihre hohe Anpassungsfähigkeit an unterschiedliche klimatische Bedingungen.

Die im Karbon entstandenen Reptilien verdrängten im Laufe des Perms allmählich die Amphibien, wobei sich die säugetierartigen Therapsida als besonders erfolgreich erwiesen. Grund dafür mag gewesen sein, daß zumindest einige Arten teilweise warmblütig waren, ihre Körpertemperatur also selbst zu regulieren vermochten.

Dadurch konnten sie auch bei Kälte aktiv und beweglich bleiben, während primitivere, wechselwarme Amphibien und Reptilien träge und unbeweglich waren.

Die Urahnen der Säugetiere

Im Laufe ihrer Ausbreitung auf dem Festland entwickelten die Reptilien mehrere Unterklassen, die sich vor allem im Schädelaufbau unterschieden. Da gab es zunächst die Anapsida, deren massive Schädel noch wie die der Amphibien und Schildkröten nur Öffnungen für Nase und Augen besaßen. Aus diesen gingen die Synapsida mit einer Schläfenöffnung und die Diapsida mit je zwei Schläfenöffnungen hinter den Augen hervor. Während sich aus den Diapsida Dinosaurier, Flugsaurier und Krokodile sowie später auch Vögel und Schlangen entwickelten, waren die Synapsida die Vorfahren der Therapsida, der Urahnen der Säugetiere. Wie ihre Kiefer und Zähne erkennen lassen, muß es unter den Therapsida sowohl Pflanzen- als auch Fleischfresser gegeben haben.

Das Große Sterben

Der Aufstieg der säugetierartigen Reptilien fand am Übergang vom Perm zur Trias ein jähes Ende, als einem erneuten Artensterben etwa 95 Prozent aller marinen und 75 Prozent aller landlebenden Organismen zum Opfer fielen.

Was dieses dritte und zugleich größte Massenaussterben der Erdgeschichte ausgelöst hat, ist umstritten. Diskutiert werden in der Wissenschaft vor allem folgende einander ergänzende, zum Teil aber auch einander widersprechende Ursachen:
- tödliche Strahlung aus dem Kosmos,
- Meteoriteneinschlag mit nachfolgendem gigantischem Tsunami,
- Schädigung der Ozonschicht durch Vulkangase,
- Sauerstoffmangel in der Atmosphäre und in den Wassern der Ozeane,
- weltweite Abkühlung und eine Absenkung des Meeresspiegels,
- globale Erwärmung und Ansteigen des Meeresspiegels,
- Vulkanismus.

Tabelle 2: Übersicht über die Erdzeitalter

Erdzeitalter	System (Periode)			Serie (Epoche)		Beginn vor Millionen Jahren
Erdneuzeit (Känozoikum)	Quartär			Holozän		0,01
				Pleistozän		1,8
	Tertiär	Jungtertiär (Neogen)		Pliozän	Oberpliozän	3,6
					Unterpliozän	5,3
				Miozän	Obermiozän	11,6
					Mittelmiozän	16,0
					Untermiozän	23,3
		Alttertiär (Paläogen)		Oligozän		33,9
				Eozän		55,8
				Paläozän		65,5
Erdmittelalter (Mesozoikum)	Kreide			Obere Kreide		99,6
				Untere Kreide		145,5
	Jura			Oberer Jura		161,2
				Mittlerer Jura		175,6
				Unterer Jura		199,6
	Trias			Obere Trias		228,0
				Mittlere Trias		245,0
				Untere Trias		251,0
Erdaltertum (Paläozoikum)	Perm			Oberes Perm		256
				Unteres Perm		299,0
	Karbon			Oberes Karbon		326,4
				Unteres Karbon		359,2
	Devon			Oberes Devon		385,3
				Mittleres Devon		397,5
				Unteres Devon		416,0
	Silur			Oberes Silur		423
				Unteres Silur		443,7
	Ordovizium			Oberes Ordovizium		460,9
				Mittleres Ordovizium		471,8
				Unteres Ordovizium		488,3
	Kambrium			Oberes Kambrium		501,0
				Mittleres Kambrium		513,0
				Unteres Kambrium		542,0
Präkambrium	Erd-Frühzeit (Proterozoikum)					2500
	Erd-Urzeit (Archaikum)					3800

Verstärkt Beachtung findet in jüngster Zeit die Theorie, gewaltige Vulkanausbrüche, die vor rund 250 Millionen Jahren die Sibirischen Trapps – mächtige, treppenähnlich übereinanderliegende Decken Ergußgesteins – ausgeworfen haben, hätten zu der Katastrophe geführt. Die chemische Zusammensetzung dieser Flutbasalte deutet darauf hin, daß das Magma, das dabei austrat, aus dem unteren Mantel an der Grenze zum Erdkern, also aus 2900 Metern Tiefe, stammt.

Bei den Eruptionen könnten innerhalb einer geologisch kurzen Zeitspanne von weniger als einer Million Jahren sowohl große Mengen Kohlendioxid freigesetzt worden sein als auch Methan, das gefroren am Meeresboden gelagert hatte. Beide Treibhausgase hätten für eine Vergiftung der Atmosphäre durch eine Abnahme des Sauerstoffanteils und für ein sehr warmes bis heißes Klima gesorgt. Dadurch könnte das polare Leben in hohen Breiten völlig ausgelöscht worden sein. Zudem finden sich Hinweise darauf, daß infolge des Sauerstoffmangels gegen Ende des Perms ideale Lebensbedingungen für Meeresbakterien herrschten, die Photosynthese statt mit Wasser mit Schwefelwasserstoff betrieben und daher anstelle von Sauerstoff Schwefel freisetzten. Die Folge sei eine Schwefelvergiftung der Gewässer und der Atmosphäre gewesen, die zu jenem «Großen Sterben» geführt habe, das nicht nur das Ende der geologischen Periode des Perms, sondern auch das Ende des Paläozoikums markiert.

5 *Klima und Evolution im Erdmittelalter*

In diesem Kapitel erfahren Sie,
- was die Dinosaurier anderen Reptilien voraushatten,
- warum Zweibeiner große Köpfe haben,
- was das Treibhausklima des Erdmittelalters verursachte,
- welche Folgen das Zerbrechen des Kontinents Pangäa für Klima und Evolution hatte,
- wie Erdöl und Erdgas entstanden,
- woran die Dinosaurier vermutlich zugrunde gingen.

Der Aufstieg der Reptilien

Mit dem Großen Sterben vor etwa 251 Millionen Jahren an der Grenze vom Perm zur Trias, das zugleich den Übergang vom Erdaltertum zum Erdmittelalter (Mesozoikum) markiert, war das Leben auf der Erde allem Anschein nach nur knapp der völligen Auslöschung entgangen. Um sich von diesem Massenaussterben zu erholen, brauchte es mehrere Millionen Jahre. Der Untergang altzeitlicher Organismen wie Trilobiten oder der zu den Anapsida zählenden Panzerlurche machte jedoch zugleich den Weg frei für die Entstehung neuartiger Tiere und Pflanzen, die sich von denen des Paläozoikums deutlich unterschieden.

Unter den Wirbeltieren brachten vor allem die Reptilien zahlreiche neue Ordnungen hervor, wobei sich die zu den Diapsida gehörenden Archosaurier (herrschende Echsen) als besonders wichtig erweisen sollten, denn aus ihnen entwickelten sich mit den Ur-Wurzelzähnern (Thecodontia) die Vorfahren der Krokodile, Flugechsen und Dinosaurier.

Wie die Dinos zu ihrem Namen kamen

Ihren Namen verdanken die Dinosaurier dem Engländer Richard Owen (1804–1892): Der aus den griechischen Wörtern *deinos* (schrecklich) und *sauros* (Echse) zusammengesetzte Begriff findet sich zum ersten Mal in Owens 1842 veröffentlichtem «Bericht über britische fossile Reptilien», den er im Jahr zuvor auf der Jahrestagung der Britischen Gesellschaft zur Förderung der Wissenschaften gegeben hatte. Indem er darin die von William Buckland und Gideon Mantell in Süd-England entdeckten Knochen von *Iguanodon*, *Megalosaurus* und *Hylaeosaurus* miteinander verglich, stellte er fest, daß diese gigantischen Landechsen aufgrund zahlreicher Merkmale wie in Zahnhöhlen wurzelnden Zähnen, fünf zum Beckengürtel zusammengewachsenen Kreuzbeinwirbeln und säulenartigen Beinen, die sie von allen anderen Echsen, deren Beine seitlich am Körper ansetzen, unterschieden, in keine bestehende Kategorie paßten und daher eine eigene Gruppe bilden mußten, für die er die Bezeichnung «Dinosaurier» vorschlug. Die Klassifizierung der Dinosaurier ist bis heute nicht abgeschlossen, und jederzeit könnten neue Funde eine Neuordnung notwendig machen.

Owen, der Charles Darwin bereits 1836 kennengelernt hatte, war ein Gegner von dessen Selektionstheorie, da sie den Menschen seinem Schöpfer entfremde. Im Gegensatz zum Begründer der Evolutionstheorie glaubte Owen, die gemeinsamen Baupläne der Lebewesen, die er «Archetypen» nannte, seien eine Art göttliche Idee.

Die Herrschaft der «Schrecklichen Echsen»

Zwar hatte Owen erkannt, daß weder Flugechsen (Pterosaurier) noch Meeresechsen (Plesio-, Ichthyo- oder Mosasaurier) den Dinosauriern zuzuordnen sind, doch war ihm entgangen, daß letztere eigentlich zwei Ordnungen umfassen, die sich durch Bau und Stellung ihrer Beckenknochen unterscheiden: die Saurischia mit echsen- und die Ornithischia mit vogelartigem Becken. Daß dennoch keine verwandtschaftliche Beziehung zwischen den Ornithischia und den heutigen Vögeln besteht, da sich diese nicht aus den Ornithischia, sondern aus den Saurischia entwickelt haben, ist ein Beispiel dafür, daß die Evolution oft nicht linear, sondern anscheinend ziel- oder richtungslos abläuft.

Wie die Fülle der Fossilienfunde beweist, beherrschen die Dinosaurier mit ihren über 500 Gattungen und rund 1000 Arten die Erde von der Mitte der Trias bis zum Ende der Kreidezeit, also von vor etwa 225 bis vor 65 Millionen Jahren. Die zwischen 60 Zentimeter und 45 Meter langen Reptilien von oft bizarrer Gestalt waren somit die erfolgreichsten Wirbeltiere der gesamten Erdgeschichte.

Das Geheimnis ihres Erfolgs

Daß die Dinosaurier rund 160 Millionen Jahre, also während fast des gesamten Mesozoikums, nahezu alle Lebensräume auf dem Lande bevölkern konnten, verdankten sie wesentlich dem Umstand, daß ihre Körper nicht mehr wie bei anderen «Kriech»tieren zwischen den Beinen aufgehängt waren, sondern von den Beinen gestützt wurden, da diese direkt unter dem Körper auf dem Boden aufsetzten. Die Dinosaurier benötigten daher nur wenig Kraft, um ihre Körper zu tragen.

Diese Energieersparnis verschaffte ihnen anderen Reptilien gegenüber den Vorteil, daß sie ihre Muskelkraft anderweitig einsetzen konnten, vor allem zum Laufen. Daß dies zumal für Raubtiere von Nutzen ist, die ihre Beute jagen, liegt auf der Hand, und so ist es nicht verwunderlich, daß die Dinosaurier ursprünglich Fleisch- oder Aasfresser waren, die sich auf langen Hinterbeinen fortbewegten, während ihre kurzen Vorderbeine als Greifhände dienten.

Während Vierbeiner, deren Körper zwischen den Beinen hängen, eigentlich nicht umfallen können, geraten Zweibeiner leicht aus dem Gleichgewicht. Deshalb brauchen sie, um beim Laufen die Balance zu halten, besonders gute Lage- und Stellreflexe. Für die äußerst komplizierte Steuerung der Motorik im Lauf benötigen sie außerdem einen hochentwickelten Gesichtssinn. Es waren daher die flinken, zweibeinigen Raubsaurier, die das im Verhältnis zum Körpergewicht größte Gehirn besaßen.

Die ältesten, fleischfressenden Dinosaurier gehörten sämtlich zu den Saurischia und hatten große Köpfe mit starken Kiefern und spitzen Zähnen. Aus ihnen entwickelte sich dann vor rund 185 Millionen Jahren die Zwischenordnung der pflanzenfressenden, sich

Klima und Evolution im Erdmittelalter

auf vier relativ kurzen, säulenartigen Beinen fortbewegenden gigantischen Sauropoda, die sich im allgemeinen durch ihr enormes Gewicht von bis über 80 Tonnen, massive Knochen, lange Hälse und Schwänze, aber kleine Köpfe mit winzigen Gehirnen auszeichneten.

Im Gegensatz zu den Saurischia waren die Ornithischia allesamt Pflanzenfresser, die an ein Leben als Vegetarier durch einige anatomische Besonderheiten zum Teil noch besser angepaßt waren als ihre Konkurrenten mit Echsenbecken.

Vom *Coelophysis* zum *Tyrannosaurus*

Die wohl ältesten bekannten Dinosaurier sind die der Gattung *Coelophysis*. Dabei handelte es sich um bis 3 Meter lange und bis nur 30 Kilogramm schwere Räuber, die etwa in der Zeit von vor 225 bis zum Ende der Trias vor 210 Millionen Jahren lebten. Ihr relativ geringes Gewicht rührt von den teilweise hohlen (griechisch *koilos*) Knochen her, denen sie ihren Namen verdanken. Sie besaßen Hände mit vier Fingern und lange, kräftige Hinterbeine mit drei Zehen und scharfen Krallen. Die auf zwei Beinen laufenden Tiere, die hohe Geschwindigkeiten erreichen konnten, jagten vermutlich in Rudeln und waren möglicherweise Kannibalen.

Die zu den Saurischia zählenden *Coelophysis* gelten nicht nur als Vorfahren der heutigen Vögel, sondern auch des bis 14 Meter langen und bis 7 Tonnen schweren *Tyrannosaurus rex*, der in der späten Kreidezeit lebte und zusammen mit allen anderen Dinosauriern vor 65 Millionen Jahren ausstarb.

Die Welt der Trias

Daß sich auf allen heutigen Kontinenten Dinosaurier-Fossilien finden, läßt sich dadurch erklären, daß es in der Trias, deren Namen auf die drei geologischen Formationen Mitteleuropas Buntsandstein, Muschelkalk und Keuper verweist, nur eine einzige Landmasse gab: Pangäa. Durch die Entstehung dieses Megakontinents in der Perm-Zeit hatte sich die Gesamtlänge der Küsten stark reduziert und damit auch der für die Evolution marinen Lebens so wichtige Bereich der Schelfmeere. Eine weitere Folge war die starke Vereinfachung der Zirkulationsmuster der Meeres- und Luftströme, was in Verbindung mit der großen Landfläche zu einem extremen Kontinentalklima mit ausgedehnten Trockengebieten im Innern von Pangäa führte.

Diese durch die Kontinentaldrift geschaffenen Klimafaktoren bewirkten zusammen mit dem extrem hohen Kohlendioxid- und niedrigen Sauerstoff-Gehalt der Atmosphäre als Folge des starken Vulkanismus gegen Ende des Perm einen Super-Treibhauseffekt, der dazu führte, daß es nicht nur im Landesinnern sehr heiß und trocken war, sondern selbst im Winter an den eisfreien Polen gemäßigte Temperaturen herrschten. Das heiße Wüstenklima ließ das Wasser in den Flachmeeren und Lagunen verdunsten, wodurch sich bis über 1000 Meter mächtige Salzablagerungen wie die bei Gorleben in Niedersachsen bildeten.

Für wechselwarme Tiere wie die Dinosaurier, die dank ihrer Säulenbeine in der Lage waren, große Strecken über Land zurückzulegen, hatten die hohen Temperaturen den Vorteil, daß sie ihre volle Aktivität entfalten konnten und gegenüber gleichwarmen Konkurrenten nicht durch Kältestarre benachteiligt waren. Für die Vermutung, unter den Dinosauriern habe es bereits Warmblüter oder zumindest Übergangsformen zwischen Warm- und Kaltblütern gegeben, gibt es bislang noch keine Beweise.

Massenaussterben am Ende der Trias

Vor etwa 199 Millionen Jahren, an der Grenze von der Trias zum Jura, muß es erneut zu einem Massenaussterben gekommen sein. Diesem viertgrößten Artensterben der Erdgeschichte, bei dem wahrscheinlich über die Hälfte aller marinen Gattungen, darunter viele Muscheln und Schnecken, insgesamt aber rund 80 Prozent aller Arten ausgelöscht wurden, fielen unter den Landtieren vor allem die Thecodontia, die Vorläufer der Dinosaurier, und die fleischfressenden Cynodontia, eine Unterordnung der säugetierartigen Therapsida, zum Opfer.

Was das Massenaussterben an der Trias-Jura-Grenze ausgelöst haben könnte, ist noch ungeklärt. Am plausibelsten scheint jedoch

die Annahme, das Auseinanderbrechen des Megakontinents Pangäa könnte die Ursache gewesen sein, und dies auf doppelte Weise:
1. dürfte das Eindringen der Wassermassen des Tethys-Meeres von Osten her zwischen den Nordkontinent Laurasia und den Südkontinent Gondwana und, im Anschluß daran, in das sich neu bildende Atlantik-Becken zwischen den auseinanderdriftenden Teilkontinenten Eurasien und Nordamerika sowie zwischen Afrika und Südamerika zu erheblichen Schwankungen des Meeresspiegels geführt haben, und
2. dürfte der durch den Bruch zwischen Nordamerika und Afrika ausgelöste starke Vulkanismus im Bereich der Spreizungszonen erneut zu einem Anstieg des Kohlendioxid-Anteils der Atmosphäre bei gleichzeitigem Absinken des Sauerstoffgehalts und damit zu einer Klimaerwärmung geführt haben.

Die eigentlichen Gewinner dieses Massenaussterbens waren jedenfalls die Dinosaurier, die – wenngleich ebenfalls dezimiert – größtenteils überlebten.

Das Auseinanderbrechen von Pangäa und die Entstehung des Atlantiks im Jura (bis vor 145 Millionen Jahren) hatte weitreichende Folgen, denn dadurch nahm die Gesamtlänge der Küsten wieder stark zu. Zwischen den neuen Kontinenten bildeten sich riesige Flachmeere, und es kam erneut zu einer völligen Veränderung der Meeresströmungen und der atmosphärischen Zirkulation. Das extreme Kontinentalklima der Trias wurde von einem warmfeuchten, tropischen Klima abgelöst, wobei die Warmperiode vor etwa 100 Millionen Jahren in der Kreidezeit ihren Höhepunkt erreichte.

Von den Nacktsamern zu den Blütenpflanzen

Obwohl die Festlandsflora vom Großen Sterben an der Perm-Trias-Grenze kaum betroffen war, hatte der Wechsel von der vierten Vereisungsphase im Perm zum Treibhausklima der Trias neue Pflanzenarten entstehen lassen, allen voran Koniferen, deren nadelartige Blätter dank ihrer geringen Oberfläche nur wenig Wasser verdunsten und so der Pflanze in Trockengebieten das Überleben sichern. Erfolgreich waren auch andere Nacktsamer wie Palmfarne und

Farnsamer sowie die bereits im Perm verbreiteten Ginkgos. Während die seit dem Devon dominierenden Farne, Bärlappgewächse und Schachtelhalme allmählich zurückgedrängt wurden, traten im Laufe des Mesozoikums mit den Bedecktsamern die ersten Blütenpflanzen auf, deren Samen von einem Fruchtknoten aus verwachsenen Fruchtblättern vor Trockenheit und Kälte geschützt wird.

Mit dem Klima wandelte sich auch die Vegetation und mit ihr das Nahrungsangebot für die Pflanzenfresser unter den Dinosauriern. Weideten die kleineren Tiere niedrige Gewächse ab, fraßen die langhalsigen Sauropoda, die zum Teil mehrere Tonnen Nahrung pro Tag aufnehmen mußten, in der Trias wohl hauptsächlich Zapfen und Zweige hoher Nadelbäume und Farnsamer.

Bemerkenswert ist, daß der Rückgang der Vegetation der Nacktsamer gegen Ende des Jura und die geradezu explosionsartige Entfaltung der Blütenpflanzen in der Kreide zeitlich mit dem Aussterben zahlreicher Sauropoden-Familien zusammenfiel. Dies könnte darauf deuten, daß sich die Sauropoda durch Überweidung der Nadelbäume selbst ihrer Nahrungsgrundlage beraubten, ohne sich ausreichend an das neue Angebot an Blütenpflanzen anpassen zu können, während die Ornithischia und die merkwürdigen Entenschnabelsaurier, denen der Wechsel zum Angebot an Bedecktsamerkost am besten gelang, in der späten Kreide ihre Blütezeit erlebten. Die ungeheure Gefräßigkeit der Sauropoda könnte zusammen mit dem parallel verlaufenden Auftreten bestäubender Insekten wie Bienen und Schmetterlinge sogar ein wesentlicher Faktor für den Siegeszug der Blütenpflanzen gewesen sein, wobei es sich bei diesen ausschließlich um platanen-, buchen- und magnolienartige Bäume handelte.

Klimawandel und die Entstehung von Erdöl und Erdgas

Durch die Ausbreitung riesiger tropischer Wälder auf dem Land und das Auftreten neuer pflanzlicher Kleinorganismen (Phytoplankton) in den Ozeanen kam es in der Jura- und Kreidezeit zu einer starken Zunahme des in der Biosphäre gespeicherten Kohlenstoffs und damit zur Abnahme des für den Super-Treibhauseffekt des Mesozoikums verantwortlichen hohen CO_2-Gehalts der Atmosphäre. Dies führte im Laufe von Jahrmillionen einerseits zur Abkühlung des Klimas, andererseits zur Bildung großer Lagerstätten organischen Kohlenstoffs in der Erdkruste. Der gängigsten Theorie zufolge wandelten sich dabei abgestorbene, auf den Boden abgeschlossener Meeresbecken gesunkene marine Organismen – sofern es an Sauerstoff fehlte, der sie hätte verfaulen lassen – unter hohem Druck bei Temperaturen zwischen ca. 60 und 120 °C in Erdöl, die Überreste vornehmlich von höheren Landpflanzen hingegen bei Temperaturen zwischen ca. 140 und 180 °C in Erdgas.

Das Ende der Dinosaurier

Nach dem Auseinanderbrechen Pangäas hatten Tiere und Pflanzen begonnen, sich auf den wandernden Landmassen unterschiedlich zu entwickeln, sodaß auf den nicht mehr durch Landbrücken verbundenen Erdschollen endemische, nur auf bestimmten Kontinenten vorkommende Arten entstanden.

Dies gilt auch für die Dinosaurier, doch endete deren Existenz – wie auch die der Flugechsen und Meeressaurier – abrupt vor 65 Millionen Jahren beim vermutlich fünftgrößten Massenaussterben der Erdgeschichte an der Grenze von der Kreide zum Tertiär. Bei diesem bekanntesten aller Artensterben verschwanden über 70 Prozent aller Spezies, wobei manche, wie die zu den Kopffüßern zählenden Ammoniten, völlig ausstarben, andere hingegen, allen voran die Säugetiere, relativ zahlreich überlebten. Auffallend ist dabei, daß es zwar gleichermaßen Tiere und Pflanzen wie auch Einzeller und Riesenechsen traf, aber dennoch eine gewisse Selektion festzustellen ist. Anscheinend hatten Arten, die in Süßwasser-Ökosystemen lebten, eine um vieles höhere Überlebensrate als marine Organismen. So überlebte nur ein sehr geringer Prozentsatz der planktonbildenden Kleinlebewesen. Eidechsen, Schlangen, Schildkröten und Krokodile hingegen waren kaum betroffen. Insgesamt schätzt man, daß fast 90 Prozent aller marinen, jedoch weniger als 60 Prozent aller terrestrischen Arten vernichtet wurden, wobei an Land jedoch alle Tiere starben, die schwerer waren als 25 Kilogramm.

Darüber, was dieses Massenaussterben verursacht haben könnte, gibt es eine Fülle von Hypothesen, von denen hier nur die beiden wichtigsten kurz dargestellt werden sollen.

Meteoriteneinschlag oder Vulkanismus?

Kaum jemals in der Wissenschaftsgeschichte hat ein einziger Text eine größere Diskussion ausgelöst als der von dem Physik-Nobelpreisträger Luis W. Alvarez, seinem Sohn Walter Alvarez, einem Geologen, und anderen 1980 in der Zeitschrift *Science* veröffentlichte Aufsatz über außerirdische Gründe für das Massenaussterben an der Grenze zwischen Kreidezeit und Tertiär (K/T-Grenze). Die Autoren vertraten darin die These, es sei durch den Einschlag eines Meteoriten mit einem Durchmesser von rund 10 Kilometern ausgelöst worden. Darauf deute eine merkwürdige Konzentration des auf der Erde äußerst seltenen, in Meteoriten jedoch häufig vorkommenden Metalles Iridium in eben jener nur einen Zentimeter dicken Tonschicht, welche die kreidezeitlichen von den tertiären Sedimenten trennt. Tatsächlich entdeckte man elf Jahre später auf Satellitenaufnahmen des Golfes von Mexiko an der Küste der Halbinsel Yukatán nördlich der Stadt Mérida die Überreste eines mindestens 180 Kilometer breiten und 900 Meter tiefen Einschlagkraters. Wie geophysikalische Untersuchungen des Gesteins ergaben, muß der nach dem in seiner Mitte gelegenen kleinen Fischerdorf Chicxulub genannte Krater genau an der Kreide-Tertiär-Grenze entstanden sein.

Auf welche Weise der Einschlag mit der gigantischen Sprengkraft von 100 Millionen Megatonnen TNT das Massenaussterben bewirkt hat, ist allerdings umstritten. Die einen nehmen an, durch die Wucht des Aufpralls seien ungeheure Mengen Ruß, Asche, Gesteinstrümmer und Gase in die Atmosphäre gelangt, die den gesamten Globus monate- oder sogar jahrelang in Dunkelheit gehüllt hätten. Dies habe nicht nur dazu geführt, daß die Temperaturen drastisch sanken, sondern auch die Photosynthese zum Erliegen kam, sodaß die Pflanzen abstarben, wodurch die Nahrungsketten auf dem Lande wie in den Ozeanen unterbrochen worden seien, was wiederum zuerst Pflanzenfresser und dann Fleischfresser hätte verhungern lassen. Andere wieder glauben, durch die bei dem Einschlag entstandene Hitze hätten sich Stickoxide gebildet, die nicht nur die Atmosphäre, die Böden und sämtliche Gewässer vergiftet, sondern, in die Stratosphäre gelangt, auch noch die Ozonschicht zerstört hätten, die das Leben auf der Erde vor den tödlichen UV-Strahlen schützt. Wieder andere meinen, das emporgeschleuderte glühende Material habe weltweit verheerende Feuersbrünste entfacht.

Einer anderen, vor allem von dem Geologen Dewey MacLean vertretenen Hypothese zufolge ist das Massenaussterben an der K/T-Grenze ähnlich wie das Artensterben an der Perm-Trias-Grenze hingegen auf die Vulkantätigkeit in Zusammenhang mit der Bildung kilometerdicker Basaltablagerungen auf dem nach Norden driftenden indischen Kontinent zurückzuführen. Allerdings scheint inzwischen festzustehen, daß diese sogenannten Deccan-Trapps etwa 2 Millionen Jahre vor dem Ende der Kreidezeit entstanden sind.

Unabhängig davon, auf welches Ereignis das Ende der Dinosaurier und vieler anderer Arten zurückzuführen ist – auch ein Zusammenwirken mehrerer Faktoren ist denkbar: fest steht, daß es am Ende des Mesozoikums dramatische Veränderungen der Lebensbedingungen sowohl durch ein Absinken des Meeresspiegels als auch durch eine starke Abkühlung der Atmosphäre wie der Ozeane gegeben hat. Neben Vulkanismus und/oder dem Einschlag eines Meteoriten dürfte dafür aber nicht zuletzt auch die Drift der Kontinente verantwortlich gewesen sein, die zu dieser Zeit ein vielfältiges Mosaik bildeten, in dem sich bereits das Grundmuster der heutigen Weltkarte abzeichnete.

6 *Vom Treibhaus zum Eishaus*

In diesem Kapitel erfahren Sie,
- was das erste bekannte Säugetier war,
- warum in der Arktis einst Alligatoren lebten,
- wie Kieselalgen zum Vulkanismus beitragen,
- wie die Öffnung von zwei Meerespassagen zur Vereisung der Antarktis führte,
- wie Faltengebirge zur Ausbreitung der Gräser beitrugen.

Kleiner Großkopf

Der Tod der Dinosaurier vor 65 Millionen Jahren markiert das Ende des Mesozoikums und zugleich den Beginn der Erdneuzeit, des Känozoikums – aus griechisch *kainos* (neu) und *zoon* (Tier). Es dauert bis heute an. Und wie das Mesozoikum das Zeitalter der Dinosaurier war, so sollte das Känozoikum das Zeitalter der Säugetiere werden.

Das derzeit älteste bekannte Säugetier lebte allerdings schon vor etwa 195 Millionen Jahren, also im Unterjura. Es ist das 1985 in der südchinesischen Provinz Yunnan entdeckte, kaum fingerlange *Hadrocodium wui*. Der mausähnliche, zwei Gramm leichte Winzling besaß bereits die für alle Säuger charakteristischen drei Gehörknöchelchen Steigbügel, Hammer und Amboß, die sich aus dem Kieferapparat der Reptilien entwickelt hatten. Damit hatte er ein feineres Gehör als diese, was vor allem bei Dunkelheit von Vorteil war. Tatsächlich waren die ersten Säugetiere nachtaktiv. Deshalb benötigte die Netzhaut ihrer Augen auch nur zwei Arten von Lichtrezeptoren: eine für kurz- und eine für langwelliges Licht.

Als Warmblüter waren die Säugetiere ihrer hohen Stoffwechselrate wegen auf energiereiche Ernährung angewiesen, was zur Entwicklung sowohl des neuartigen Kieferapparates als auch eines Gebisses mit unterschiedlichen Zahnformen führte: Schon die Ursäuger verfügten über Schneide-, Eck- und Backenzähne, mit denen sie die Nahrung, um sie effizienter verdauen zu können, zerschnitten und zerrieben. Während die Zähne der Reptilien, die ihre Nahrung unzerkaut verschlucken, alle gleich sind und zudem immer wieder nachwachsen, behalten die Säugetiere – mit Ausnahme der Milchzähne – ihre Zähne. Überdies besitzen die Säugetiere einen sekundären, knöchernen Gaumen, der die Luft- und Speisewege trennt, was ihnen ermöglicht, auch während des Fressens zu atmen.

Läßt das Gebiß des *Hadrocodium wui* darauf schließen, daß es sich von kleinen Insekten ernährte, so ergaben Untersuchungen seines mit 12 Millimetern im Verhältnis zum Körper außerordentlich großen Schädels, daß der Minisäuger nicht nur ein ziemlich großes Gehirn hatte, sondern vermutlich auch einen besonders guten Geruchssinn und ein im Vergleich zu den Reptilien besseres Sehvermögen.

Das mesozoische *Hadrocodium wui*, das seinen Namen – zusammengesetzt aus griechisch *hadro* (groß, voll) und *codium* (Kopf) – seinem großen Kopf und seinem Entdecker, dem chinesischen Paläontologen Wu Xiao-Chun verdankt, besaß damit alle wesentlichen Merkmale eines Säugetieres.

Der Aufstieg der Säugetiere

Daß die Säugetiere über 130 Millionen Jahre im Schatten der Dinosaurier hatten überleben können, verdankten sie wohl nicht zuletzt der Tatsache, daß sie Warmblüter waren, ihre Körpertemperatur also weitgehend unabhängig von den Außentemperaturen konstant zu halten vermochten. Im Gegensatz zu den wechselwarmen, auf Sonnenwärme angewiesenen und daher tagaktiven Reptilien waren sie auch bei kühleren nächtlichen Temperaturen beweglich, wobei ihr Haarkleid sie noch zusätzlich gegen Wärmeverlust schützte. Gleichsam mit einer körpereigenen Klimaanlage ausgestattet, entzogen sich die durchweg kleinen Säuger den Nachstellungen ihrer Freßfeinde durch ihre nächtliche Lebensweise.

Neben der Entfaltung der Bedecktsamer und dem dadurch veränderten Nahrungsangebot für Pflanzenfresser hatte möglicherweise auch die gegen Ende der Kreidezeit einsetzende Abkühlung des Klimas zu dem vor allem im Innern Nordamerikas deutlich feststellbaren Rückgang der Dinosaurier-Arten beigetragen. Es war der Beginn eines langandauernden Klimawandels, der den Aufstieg der Säuger zur erfolgreichsten Tierklasse wenn nicht herbeigeführt, so doch zumindest begünstigt haben dürfte.

Als die unmittelbaren klimatischen Folgen des Chicxulub-Einschlags zu Beginn des Paläozäns (bis vor etwa 56 Millionen Jahren) allmählich abklangen, stiegen auch die Temperaturen zunächst wieder an, und das Leben begann sich von dem fünften großen Massenaussterben zu erholen. Während in den Ozeanen neue Planktongesellschaften entstanden, waren es zu Lande vor allem die Vögel und Säugetiere, die geradezu explosionsartig neue Formen und Lebensgemeinschaften entwickelten, so daß bereits am Ende des Eozäns (vor etwa 34 Millionen Jahren) nahezu alle heutigen Säugetier-Ordnungen vorhanden waren. Dabei verdankten die Säuger ihre Überlegenheit insbesondere

- der besseren Ausnutzung der Nahrung mittels spezialisierter Zähne und Gebisse,
- der Trennung von Körper- und Lungenkreislauf des Blutes,
- dem körpereigenen Klimaschutz durch Behaarung und Warmblütigkeit,
- der intensiven Brutpflege im Mutterleib (Placenta), durch Säugen der Jungen (Milchdrüsen) und durch ihr Leben in sozialen Verbänden (Sozialität) sowie
- der Zunahme ihrer Hirnmasse.

Hitzewelle durch Methan

Etwa 10 Millionen Jahre nach dem Chicxulub-Einschlag wurde die Wiedererwärmung durch Freisetzung gewaltiger Mengen des Treibhausgases Methan abrupt verstärkt. Als Auslöser dieses Klimaschocks gelten entweder eine Veränderung der Zirkulation der Meeresströme infolge eines allgemeinen Anstiegs der Wassertemperatur der Ozeane um mehrere Grade oder Erdrutsche, die durch die Kontinentalverschiebung ausgelöst wurden. Neuerdings werden auch heiße Quellen auf dem Meeresboden und sogar ein erneuter Einschlag eines großen Meteoriten als mögliche Ursachen diskutiert.

Was immer der oder die Gründe gewesen sein mögen: Die Folgen waren eine globale Erwärmung zwischen 5 und 10 °C in höheren Breiten, mit der eine weitere Aufheizung des Meerwassers um etwa 5 °C einherging, was den Prozeß durch weitere Methanemissionen wiederum verstärkt haben dürfte.

Diese Hitzewelle an der Grenze zwischen Paläozän und Eozän (vor 55 Millionen Jahren), die nur für die nach erdgeschichtlichen Maßstäben kurze Dauer von weniger als 200 000 Jahren anhielt, hatte für das terrestrische wie das marine Leben dramatische Folgen. Große Bereiche der Ozeane wurden zu lebensfeindlichen Regionen, und bis in hohe Breitengrade herrschten tropische Temperaturen: Auf dem Ellesmere Island in der kanadischen Arktis lebten sogar Alligatoren und auf der Halbinsel Kamtschatka wuchsen Palmen.

Beide Pole waren eisfrei. Der Nordpol war bedeckt von einem etwa 20 °C warmen Binnenmeer – ähnlich dem heutigen Schwarzen Meer – mit nur einem Ausfluß zwischen Labrador und Grönland, das damals, ebenso wie Spitzbergen, bewaldet war. Wie die Untersuchung eines Sedimentkerns ergab, der im Sommer 2004 nur 250 Kilometer vom Pol entfernt auf 88 Grad Nord im Lomonossow-Rücken erbohrt wurde, könnten im Boden des Nordpolarmeeres sogar große Mengen Erdöl lagern, denn vor 55 Millionen Jahren betrug der Kohlendioxid-Anteil der Atmosphäre das Zwölffache des heutigen Wertes, 5 Millionen Jahre später hingegen nur noch das Vierfache. Der Kohlenstoff, der in dieser Zeit der Atmosphäre entzogen wurde, muß also irgendwo gespeichert worden sein.

Im Schnitt war es, soviel läßt sich mit einiger Sicherheit sagen, während des frühen Eozäns etwa 7 °C wärmer als heute, wobei Europa in der subtropischen Zone lag mit Temperaturen um 38 °C in den Sommer- und 20 °C in den Wintermonaten.

Brennendes Eis

Methan (CH_4) ist mit einem Anteil von 0,0002 Prozent ein Spurengas der Luft. Es entsteht durch anaerobe, unter Ausschluß von Sauerstoff stattfindende Zersetzung organischer Substanzen und stammt heute zu 40 Prozent aus natürlichen Quellen wie Sümpfen, tropischen Regenwäldern, Termitenbauten und Ozeanen, zu über 60 Prozent aus vom Menschen beeinflußten Quellen wie Naßreisanbau, Zuchtrindern und Mülldeponien.

Aus Methan und Wasser bildet sich bei Temperaturen von 2 bis 4 °C und einem Druck von über 30 bar eisartiges Methanhydrat. Dies geschieht in kalten Ozeanen ab einer Tiefe von 300 Metern. Erhöht sich die Temperatur – beispielsweise durch Zustrom wärmeren Wassers oder durch Erdrutsche an den Kontinentalhängen der Ozeane –, zerfallen die Hydrate und setzen Methan frei. Dieses Methan kann von Mikroben zum Teil zu Kohlendioxid umgesetzt werden, das dann zusammen mit dem restlichen, nicht oxidierten Methan im Ozean verteilt wird oder bei einer sehr intensiven Zersetzung in die Atmosphäre aufsteigen kann.

Wieviel Methanhydrat in Meeressedimenten und in den Permafrostböden Sibiriens und Kanadas lagert, weiß niemand genau. Die Schätzungen liegen zwischen 3 und 14 Billionen Tonnen. Da in 1 Liter Methanhydrat über 160 Liter Methangas gebunden sind, heißt dies, daß zwischen halb und doppelt soviel Kohlenstoff in Methanhydrat gebunden ist wie in allen Kohle-, Erdöl- und Erdgasvorkommen zusammen. Wie auch immer, derzeit gibt es Überlegungen, als Ersatz für diese zur Neige gehenden fossilen Brennstoffe Methanhydrat als Energiequelle zu nutzen. Das ist jedoch problematisch, denn wie Kohlendioxid absorbiert auch das farb- und geruchlose Methan infrarotes Licht und verhindert dadurch die Abgabe der von der Sonne eingestrahlten Wärme von der Erde in den Weltraum. Zudem ist es ein um vieles wirksameres Treibhausgas, denn 1 Methan-Molekül wirkt 21mal stärker als ein Kohlendioxid-Molekül, und bei seiner Verbrennung entsteht wieder Kohlendioxid.

Das leicht entflammbare Methan entweicht bei normaler Zimmertemperatur aus Methanhydrat. Zündet man es an, erhält man «brennendes Eis».

Der Karbonat-Silikat-Kreislauf

Nachdem die Temperaturen vor etwa 50 Millionen Jahren im frühen Eozän ihren Höchstwert erreicht hatten, setzte eine allmähliche, wenn auch nicht gleichmäßige Abkühlung ein. Dafür gibt es eine Reihe von Ursachen, die durch ihre Wechselwirkung immer wieder zu Klimaschwankungen führten.

Da das Klima um so wärmer wird, je mehr der Kohlendioxid-Anteil der Atmosphäre steigt, es in einem wärmeren und folglich feuchteren Klima aber zu mehr Niederschlägen kommt, beschleunigt sich bei steigenden Temperaturen auch die Erosion des Gesteins, und zwar sowohl durch Karbonat- als auch durch Silikatverwitterung:

→ *Die Karbonatverwitterung*
Bei der Karbonatverwitterung wird durch Kohlensäure (H_2CO_3), die im Regenwasser (H_2O) durch Aufnahme von Kohlendioxid (CO_2) aus der Luft entsteht, aus den Kalkgesteinen der Erdoberfläche Kalzium gelöst. Das gelöste Kalzium (Ca^{2+}) gelangt vor allem über die Flüsse in die Ozeane und wird dort durch Umkehrung dieser chemischen Reaktion wieder als Kalk (Kalziumkarbonat, $CaCO_3$) ausgefällt, der nun von Organismen zum Bau von Kalkschalen und -skeletten aufgenommen wird. Dabei wird das bei der Verwitterung der Luft entnommene Kohlendioxid wieder freigesetzt, das somit im direkten Kohlenstoffkreislauf zwischen Atmosphäre und Ozean bleibt. Die Reaktionsbilanz lautet:

$$CaCO_3 + CO_2 + H_2O \Rightarrow Ca^{2+} + 2HCO_3^- \Rightarrow CaCO_3 + CO_2 + H_2O$$

Da sich Kalk jedoch bei hohem Druck und tiefen Temperaturen im Wasser löst, gibt es kalkhaltige Sedimente nur bis zu einer Meerestiefe von rund 4000 Metern. Der unterhalb dieser als Lysokline – von griechisch *lysein* (lösen) – oder auch als Karbonat- bzw. Kompensationstiefe bezeichneten Grenze gelöste Kalk gelangt im Laufe der Zeit wieder in höhere Schichten, wo er von Mikroorganismen erneut in Karbonatschalen und -skelette eingebaut werden kann.

Wie die bis zu 500 Meter mächtigen Kreidefelsen von Dover und Rügen zeigen, hat es in den Ozeanen der Oberen Kreide vor 100 bis 65 Millionen Jahren riesige Mengen Kalkschalen bildenden Planktons gegeben, wobei zwischen tierischem (Zooplankton) und pflanzlichem Plankton (Phytoplankton) zu unterscheiden ist. Schalentragendes Plankton verfrachtet den Kohlenstoff der Zellen nach seinem Absterben jedoch in die Sedimente, während schalenloses Plankton über die Nahrungskette oder bei der Verwesung den größten Teil seines Kohlenstoffs rasch wieder ins Wasser und in die Atmosphäre abgibt. Schalenloses Phytoplankton ist Teil des Kohlenstoffkreislaufs, wie er vor über 3,5 Milliarden Jahren durch Cyanobakterien in Gang gesetzt worden war.

Den weitaus größten Teil des Phytoplanktons bilden jedoch nicht Kalkalgen, sondern einzellige Kieselalgen (Diatomea), von denen heute etwa 12 000 Arten bekannt sind. Mit ihrem Auftreten im Unteren Jura vor rund 180 Millionen Jahren begann ein weiterer für die Produktion von Biomasse (Primärproduktion) und somit für den globalen Kohlenstoffkreislauf entscheidender Prozeß: der Karbonat-Silikat-Kreislauf.

→ *Die Silikatverwitterung*
Spielt bei der Karbonatverwitterung Kalzium die zentrale Rolle, so ist dies bei der Silikatverwitterung das Silizium (Si). Die Reaktionsbilanz lautet hier:

$$CaSiO_3 + 2CO_2 + 2H_2O \Rightarrow Ca^{2+} + 2HCO_3^- + 2H^+ + SiO_2^{2+}$$
$$\Rightarrow CaCO_3 + SiO_2 \cdot H_2O + CO_2 + H_2O$$

Bei der Silikatverwitterung werden der Atmosphäre also zwei Kohlendioxid-Moleküle entzogen, von denen am Ende aber nur eines wieder frei wird. Das andere transportiert Kohlenstoff in Form von Kalziumkarbonat in die Sedimente.

Weil die schweren Silikatpanzer nach dem Tod der Zellen nicht nur schneller zum Meeresboden sinken als schalenlose Mikroalgen – und dadurch zum Teil ihren Freßfeinden entgehen –, sondern sich im Gegensatz zu Kalkschalen und -skeletten auch in Tiefen unterhalb der Lysokline nicht auflösen, geben Kieselalgen den von ihnen gespeicherten Kohlenstoff nicht wieder frei. Er wird vielmehr zusammen mit dem Silikat als Sediment auf dem Grund der Ozeane deponiert, wo er der Atmosphäre und damit dem Kohlenstoffkreislauf sehr lange Zeit entzogen bleibt. Man bezeichnet diesen Vorgang auch als «biologische Pumpe» im Gegensatz zur «physikalischen Pumpe», bei der ein Teil des im Ozean gelösten Kohlendioxids durch absinkendes Wasser in die Tiefe verfrachtet wird.

Während nur 3,5 Prozent der Erdkruste aus Kalzium besteht, ist Silizium – von lateinisch *silex* (Kiesel) – mit einem Anteil von 28 Prozent nach Sauerstoff deren zweithäufigster Bestandteil. Dennoch wurde die Bedeutung des Siliziums für den Kohlenstoffkreislauf erst vor wenigen Jahren erkannt.

Da sich sowohl die Sauerstoffverbindungen des Siliziums, die Kieselsäuren, als auch deren Salze, die Silikate, im Regenwasser lösen, werden durch Erosion jährlich Milliarden Tonnen Silizium in die Ozeane gespült. Dort binden es die Kieselalgen in großen Mengen in Form von Opal (amorphes Siliziumdioxid, SiO_2), den sie zum Bau ihrer Schalen benötigen.

Karbonat- und Silikatverwitterung zusammen entziehen der Atmosphäre jährlich schätzungsweise rund 0,15 Gigatonnen Kohlenstoff, die in den Sedimenten abgelagert werden. Das Kohlendioxid der Atmosphäre enthält derzeit rund 750 Gigatonnen Kohlenstoff. Das ist lediglich rund 0,01 Promille der Gesamtmenge des Kohlenstoffs des Planeten Erde von rund 75 Millionen Gigatonnen. (1 Gigatonne = 1 Milliarde Tonnen)

Kieselalgen und Vulkanismus

Kieselalgen, die etwa drei Viertel des gesamten, am Anfang der marinen Nahrungskette stehenden Phytoplanktons ausmachen, sind jedoch nicht nur deshalb für das Klima von größter Bedeutung, weil sie als Kohlenstoffspeicher die Kapazität der Ozeane für die Aufnahme von Kohlendioxid aus der Atmosphäre durch das Oberflächenwasser erhöhen und gebundenen Kohlenstoff in den Tiefen des Ozeans versenken, sondern auch, weil sie über die Sedimente Kohlenstoff in die Erdkruste transportieren. Zusammen mit dem Erdmantel bildet diese die Gesteinshülle, in der 99,8 Prozent allen auf der Erde vorkommenden Kohlenstoffs gelagert ist. Damit hat der Kohlenstoff sämtliche Speichersysteme durchlaufen: von der Atmosphäre über die Hydrosphäre in die Biosphäre und schließlich in die Lithosphäre.

Doch auch diese ist kein Endlager, denn wenn sich infolge der Kontinentalverschiebung die ozeanische Kruste einer Erdplatte unter die leichtere kontinentale oder ozeanische Kruste einer anderen Platte schiebt (Subduktion), gelangen die Sedimente in große Tiefen und schließlich in den Erdmantel. Beim Abtauchen der subduzierten ozeanischen Platte werden das in den marinen Sedimenten gespeicherte Wasser und Methan (CH_4) – ein Abbauprodukt organischer Substanz – ausgepreßt und treten schließlich in Schlammvulkanen am Hang des Tiefseegrabens wieder aus. Ein erheblicher Teil des Methans kann als Gashydrat in oberflächennahen Sedimenten eingefroren und später wieder freigesetzt werden (siehe Kasten «Brennendes Eis»). In größeren Tiefen von einigen Kilometern kommt es bei den dort herrschenden hohen Drücken und Temperaturen zu Mineralreaktionen und -umwandlungen (Metamorphose) bis hin zur Bildung von geringen Mengen geschmolzenen Gesteins. Bei diesen Reaktionen werden auch Kohlenstoffverbindungen wie CO_2 freigesetzt, die beispielsweise aus der Umwandlung von Karbonaten in Kalziumsilikaten stammen. Das Kohlendioxid kann sich dann in Gesteinsschmelzen anreichern und im flüssigen Magma aufsteigen, wo es bleibt, bis der Druck zu groß wird und es schließlich zusammen mit anderen Gasen entweder durch Spalten und Klüfte der Lithosphäre entweicht oder bei Vulkanausbrüchen zurück in die Atmosphäre gelangt, womit sich der Kohlenstoffkreislauf schließt.

Aber nicht nur der in Kohlendioxid gebundene Kohlenstoff gelangt am Ende wieder an die Oberfläche, sondern auch die zu Gestein verdichteten marinen Sedimentschichten biochemischen Ursprungs aus Kalk, Dolomit und Silikaten, wo sie dann wieder der Verwitterung ausgesetzt sind und der Kreislauf der Gesteine von neuem beginnt. Ursache für deren Rücktransport an die Oberfläche sind plattentektonische Veränderungen infolge der Kontinentaldrift.

Vom Treibhaus zum Kühlhaus

Zeiten starker tektonischer Aktivität sind meist auch Zeiten verstärkten Vulkanismus und somit – als Folge der damit verbundenen erhöhten Entgasung von Kohlendioxid aus dem Erdmantel – außergewöhnlich warme Zeiten. Dies gilt in besonderem Maße für die Epoche vom Beginn des Känozoikums bis ins Mittlere Eozän, die sich sowohl durch Treibhausbedingungen auszeichnet als auch durch tektonische Unruhe. So führte die fortschreitende Spreizung des Meeresbodens im mittelatlantischen Rücken nicht nur zu vulkanischer Ausgasung, sondern durch die dadurch ausgelöste Westdrift Nord- und Südamerikas auch zur Subduktion der Pazifischen Platte unter die Nordamerikanische und der Nazca-Platte unter die Südamerikanische. Dies wiederum war der Antrieb für die Auffaltung der Rocky Mountains und der Anden. Weitere Gebirge, die damals entstanden, waren die Alpen – durch die Kollision der Afrikanischen Platte mit der Eurasischen – und der Himalaya zusammen mit dem Hochland von Tibet – durch den Zusammenprall der Indisch-Australischen Platte mit der Eurasischen –, um nur die vier wichtigsten zu nennen.

Diese Veränderungen der Küstenverläufe und der Reliefs der Kontinente wirkten sich unmittelbar auf die atmosphärischen und ozeanischen Zirkulationssysteme und damit auf das globale Klimageschehen aus. So ließ die Hebung des Himalaya den südostasiatischen Monsun und die der Anden die Südost-Passate entstehen.

Für die komplexen Auswirkungen der Verschiebung der Kontinente seit dem Eozän auf das Weltklima ist allem voran die Öffnung von zwei Meerespassagen zu nennen: die der Tasmansee durch die Loslösung Australiens von der Antarktis, die vor etwa 70 Millionen Jahren einsetzte, und die der Drake-Straße zwischen der Antarktis und Südamerika, die vor etwa 35 Millionen Jahren begann. Seit ihrer vollständigen Abtrennung von allen anderen Kontinenten blieb die Antarktis in Pollage, umgeben von einem Ringozean, dem Südpolarmeer, dessen von Westwinden angetriebener Zirkumpolarstrom (Westwinddrift) die Antarktis im Uhrzeigersinn umströmt und dabei das gesamte Wasser von der Oberfläche bis in Bodennähe umfaßt.

Damit begann die Bildung von kaltem ozeanischem Tiefenwasser, was auf vielfache Weise dazu beitrug, daß es an der Grenze vom Eozän zum Oligozän (bis vor etwa 23 Millionen Jahren) zu einem gewaltigen Temperatursturz kam, der die fünfte große Vereisungsphase der Erdgeschichte einleitete.

Die fünfte Vereisung

Hauptursache für dieses bis heute währende Eiszeitalter ist neben der relativ geringen Größe des Kontinents, die trotz dessen zentraler Südpolposition eine Vereisung zuließ, zweifellos die geographische Isolation der Antarktis. Sie war die Voraussetzung dafür, daß aufgrund der an den Polen besonders stark wirkenden Windschub- und Corioliskräfte der Antarktische Zirkumpolarstrom einsetzen konnte, das einzige Stromsystem der Welt, das ungehindert durch kontinentale Barrieren die ganze Erde im Kreis umfließt. Damit verband das Süpolarmeer nicht nur den Atlantischen, den Pazifischen und den Indischen Ozean miteinander, sondern wurde auch zum Ausgangsgebiet der globalen thermohalinen Zirkulation, des «marinen Förderbandes», das für den Austausch der Wassermassen samt ihrer chemischen und biologischen Komponenten sowie der darin gespeicherten Wärme zwischen allen drei Weltmeeren sorgt.

Indem der den Südkontinent umkreisende Wind- und Wasserring diesen selbst jedoch gegen einen Austausch mit Elementen aus wärmeren Breiten abschirmte, kam es zur thermischen Isolation der Antarktis, was wiederum Packeisbildung und massive kontinentale Vereisung zur Folge hatte.

Einmal schnee- und eisbedeckt, reflektierte der Eisschild, da weiße Flächen kaum Licht und Wärme absorbieren, die einfallende Strahlung fast vollständig zurück in den Weltraum und verringerte durch diesen Albedo-Effekt – von lateinisch *albus* (weiß) – die Menge der insgesamt von der Erde aufgenommenen Sonnenenergie beträchtlich. Der Abkühlungsprozeß wurde dadurch weiter verstärkt.

Da der wachsende Eispanzer die Antarktis zunehmend vom Wärmereservoir der Ozeane abschottete und sie selbst immer weniger Wärme an die sie umgebenden Gewässer abgab, nahm gleichzeitig die Temperatur des Oberflächenwassers im Südpolarmeer ab. Derart abgekühlt und – wegen der höheren Dichte kalten Wassers – schwerer geworden sank es zum Meeresboden und setzte dadurch den thermohalinen Kreislauf in Gang.

Weil kaltes, weniger salzhaltiges Wasser jedoch mehr Kohlendioxid aufnimmt als warmes und salzhaltigeres, entzog das kalte Wasser der Atmosphäre das Treibhausgas und verfrachtete es in die Tiefe. Auch dies trug zur Abkühlung bei.

Als weiterer wesentlicher Faktor trat hinzu, daß es – aufgrund der spezifischen Schichtung der Wassermassen im Südpolarmeer, wo zum Teil kaltes Oberflächenwasser über wärmeren, salzarmen Schichten lagert – zum Aufstieg dieses wärmeren, sehr nährstoffreichen Wassers kam. Wegen der erhöhten biologischen Produktivität von Mikroorganismen in kalten Gewässern führte dies zu einem starken Wachstum des Phytoplanktons, das nun seinerseits in den lichtdurchfluteten oberen Wasserschichten durch Photosynthese zusätzlich große Mengen Kohlendioxid in organische Substanz verwandelte und damit der Atmosphäre entzog. Wenn man bedenkt, daß allein ein Liter Wasser des Südpolarmeeres bis zu einer Million Zellen Kieselalgen enthält, wird deutlich, welch enormen Einfluß diese Einzeller, von denen einige Arten sogar im Packeis gedeihen und weltweit rund ein Viertel der gesamten pflanzlichen Biomasse ausmachen, über den globalen Kohlenstoffkreislauf und die Sauerstoffproduktion auf das Klima haben. Die Entstehung und Ausbreitung neuer Phytoplanktongesellschaften in den Ozeanen war eine der wichtigsten Ursachen für den Wechsel vom Treibhaus- zum Eishausklima.

Gräser im Regenschatten

Zusätzlich trugen die auf dem Festland nunmehr in allen Klimagebieten dominanten bedecktsamigen Blütenpflanzen zur Abkühlung bei, indem sie den Anteil pflanzlich gespeicherten Kohlenstoffs auf Kosten des Kohlendioxid-Gehalts der Atmosphäre weiter erhöhten. Die Braunkohle-Sumpfwälder des älteren Känozoikums sind Zeugen dieser Entwicklung, die nicht zuletzt dadurch begünstigt wurde, daß Säugetiere zunächst noch recht klein waren und keine vegetationszerstörenden Pflanzenfresser hervorgebracht hatten.

Die im Oberen Eozän aufkommenden wechselfeuchten monsunähnlichen Klimate mit ihren jahreszeitlich stark schwankenden Niederschlagsmengen waren die ersten Vorboten der deutlichen Abkühlung beim Übergang vom Eozän zum Oligozän, die zum Verschwinden zahlreicher wärmeliebender, an ein immerfeuchtes tropisches Klima angepaßter Tier- und Pflanzenarten führte. Die Abnahme der Niederschläge, die zumal im Innern der Kontinente hinter den immer höher sich auffaltenden, Regenschatten erzeugenden Gebirgen für mittelfeuchte bis trockene Bedingungen sorgte, veränderte die terrestrischen Lebensbedingungen tiefgreifend: Die Waldflächen schrumpften, und an ihre Stelle traten Savannen und Steppen, wo sich nun die aus den Blütenpflanzen hervorgegangene Familie der Gräser auszubreiten begann.

Zwar sind die ältesten bekannten Graspollen rund 60 Millionen Jahre alt, stammen also aus dem Unteren Paläozän, aber erst 30 Millionen Jahre später, im Oberen Oligozän, sind die – windbestäubten – Gräser weit verbreitet. Dies könnte darauf deuten, daß sie sich in Symbiose mit grasfressenden Säugetieren entwickelt haben, so wie sich parallel dazu insektenbestäubte Blütenpflanzen und Insekten in ihrer Entwicklung wechselseitig beeinflußten (Koevolution). Gleichsam als Dritte im Bunde könnten die Säugetiere als ursprünglich insektenfressende, baumbewohnende Räuber Nutznießer dieser Koevolution gewesen sein und damit auch die frühen Primaten, die Vorläufer aller Affen und Menschen.

7 Klima und die Evolution der Primaten

In diesem Kapitel erfahren Sie,
- wann und wo vermutlich die ersten Primaten lebten,
- warum Affen größer wurden und ihre Schwänze verloren,
- wie zwischenzeitliche Erwärmung zu erneuter Abkühlung führte,
- weshalb die Vereisung Grönlands in Afrika Wüste entstehen ließ,
- daß «Lebenshoffnung» vielleicht unser aller Stammvater war.

Die ersten Primaten

Wann die Primaten, zu denen sämtliche Affen und der Mensch zählen, innerhalb der Klasse der Säugetiere eine eigene Ordnung zu bilden begannen, ist unklar. Neuere Forschungen, die sich nicht allein auf Fossilien stützen, sondern auch mathematische Modelle zur Rückberechnung evolutionärer Abläufe heranziehen, kommen zu dem Schluß, daß es bereits vor 81,5 Millionen Jahren Primaten gegeben haben könnte. Die bisher gefundenen, zweifelsfrei den Euprimaten zuzuordnenden Fossilien hingegen sind «nur» rund 55 Millionen Jahre alt.

Euprimaten nennt man die ersten «modernen» Primaten. Sie zeichneten sich aus durch nach vorne gerichtete, für räumliches Sehen geeignete Augen, durch Greifhände mit kräftigen, den anderen, längeren Fingern entgegengestellten Daumen sowie durch flache Fingernägel statt gewölbter Krallen, wodurch sie bestens an ein Leben auf Bäumen angepaßt waren.

Das älteste Fossil eines Euprimaten, das erst kürzlich in der chinesischen Provinz Hunan gefunden wurde, wird auf ein Alter von 54,97 Millionen Jahren geschätzt. Dabei handelt es sich um einen erstaunlich gut erhaltenen Schädel mit fast komplettem Gebiß der Spezies *Teilhardiana asiatica*. Seiner relativ kleinen Augen wegen ist jedoch umstritten, ob der mausgroße, nur 28 Gramm schwere Insektenfresser nachtaktiv war wie andere Urprimaten.

Farbsehen nur bei Altweltaffen

Den Primaten, die zur Zeit der «Hitzewelle» an der Grenze vom Paläozän zum Eozän (vor 55 Millionen Jahren) die Bäume der Tropenwälder bevölkerten, bot sich ganzjährig eine reiche Diät an Früchten und Insekten. Während sich im Zuge der globalen Abkühlung im Oberen Eozän und im Oligozän zahlreiche neue, an die veränderten Lebensbedingungen angepaßte Säugetierarten entwickelten – darunter die Vorläufer der heutigen Kamele, Rüsseltiere, Schweine, Pferde und Hirsche sowie die ersten Plankton fressenden Wale, um nur einige zu nennen –, blieben die Primaten ihrem Lebensraum treu. Dieser allerdings schrumpfte immer mehr, denn sowohl in den sich abkühlenden höheren Breiten als auch in den zunehmend trockenen Gebieten im Inneren der Kontinente verschwanden die Tropenwälder, und offene Landschaften traten an ihre Stelle.

Daß die ursprünglich sehr kleinen Säuger im Zuge der fortschreitenden Abkühlung größere Formen entwickelten, ist vermutlich darauf zurückzuführen, daß größere Tiere weniger Wärme verlieren, da bei ihnen, wie Carl Bergmann 1947 errechnete, das Verhältnis zwischen Körperoberfläche und Körpervolumen kleiner ist. Gleichen Gruppen (Taxa) angehörende gleichwarme Tiere entwickeln daher in kälteren Gebieten größere Formen als in wärmeren. Deshalb blieben wohl auch die Primaten ziemlich klein, solange sie – wie noch heute die Neuweltaffen Südamerikas – ausschließlich in tropischen Wäldern lebten.

Wie sich die Evolutionslinien von Alt- und Neuweltaffen teilten, ist ungeklärt, denn bereits in der Oberkreide (vor rund 100 Millionen Jahren) war Südamerika von Afrika getrennt, die Aufspaltung aber dürfte, worauf Genanalysen schließen lassen, erst im späten Eozän (vor rund 35 Millionen Jahren) erfolgt sein, also etwa zu der Zeit, als sich Südamerika von der Antarktis trennte.

Eines der Merkmale, durch die sich die beiden Teilordnungen unterscheiden, ist das Farbsehen: Die Netzhaut der Altweltaffen (Catarrhina) entwickelte im späten Eozän neben den beiden Rezeptoren für lang- (rotes) und kurzwelliges (blaues) Licht einen dritten, zusätzlichen Rezeptor für mittelwelliges (grünes) Licht und damit die Fähigkeit, Farben zu sehen. Die Neuweltaffen (Platyrrhina) – mit Ausnahme der Brüllaffen – besitzen diese Fähigkeit hingegen bis heute nicht. Auch wenn nicht geklärt ist, wie und warum die Altweltaffen das Farbsehen «erfunden» haben, ist zu vermuten, daß es außer mit dem Wechsel von nacht- zu tagaktiver Lebensweise auch mit klimabedingten Veränderungen ihres Lebensraumes zusammenhängen könnte. Und diese mögen verursacht worden sein durch den Temperatursturz vor rund 35 Millionen Jahren infolge der Vereisung der Antarktis. Daß mit der Entwicklung des Farbsehens eine Abnahme der Bedeutung des Geruchssinns einherging, bestätigt die zunehmende Bedeutung des Gesichtssinns für die Primaten.

Vom Hunds- zum Menschenaffen

Während die klimatischen Bedingungen im Lebensraum der Neuweltaffen, dem feucht-warmen Amazonas-Becken, bis heute im wesentlichen gleichblieben, kam es in Ostafrika im Laufe des Oligozäns zu größeren Austrocknungen. Verstärkt wurde dies durch die Bindung großer Wassermengen im antarktischen Eisschild, was zu einem beträchtlichen Absinken des Meeresspiegels führte. Dadurch fielen breite Streifen der Festlandsockel trocken, sodaß sich die Landflächen vergrößerten und die Küsten immer weiter vom Inneren der Kontinente entfernten. Zugleich kam es zu einer Abnahme der tektonischen Aktivität und damit des Vulkanismus, wodurch der Kohlendioxid-Gehalt der Luft sank und der Treibhauseffekt abnahm.

Vieles spricht dafür, daß diese Klimaveränderungen im Laufe des Oligozäns wesentlich zur Aufspaltung der Altweltaffen in die ihrer oft hundeartigen Schnauze wegen auch Hundsaffen genannten kleinen, geschwänzten Altweltaffen (Cercopithecoidea) und die größeren schwanzlosen Menschenähnlichen (Hominoidea) beigetragen haben.

Um sich den neuen Umweltbedingungen anzupassen, gaben einige Altweltaffen, wie fossile Zahnfunde belegen, die rein vegetarische Lebensweise auf. Am Anfang dieser Entwicklung steht der ungefähr katzengroße, zwischen 4 und 8 Kilogramm schwere *Aegyptopithecus zeuxis*, ein baumbewohnender Allesfresser. Seinen Namen verdankt er der Tatsache, daß er in Ägypten gefunden wurde, und zwar in El Fayum, einer knapp 80 Kilometer südwestlich von Kairo gelegenen Senke. Wie die etwa 33 Millionen Jahre alten, also aus dem Unteren Oligozän stammenden Fossilien zeigen, hatten diese Tiere, die einerseits noch Merkmale der Neuweltaffen besaßen, andererseits aber mit ihrer «modernen» Zahnformel auch schon Merkmale der Hominoiden aufwiesen, ein mit weniger als 30 Kubikzentimeter Volumen recht kleines Gehirn.

Das älteste bekannte Fossil eines Menschenähnlichen hatte Mary Douglas Leakey 1948 auf der Insel Rusinga im ostafrikanischen Victoria-See gefunden. Dabei handelte es sich um den Schädel eines Angehörigen der Gruppe *Proconsul*, die zusammen mit der Gruppe der Dryopithecinae – von griechisch *drys* (Baum) und *pithecos* (Affe) – den nächsten Schritt in der Entwicklung zum Menschen markiert: die Aufspaltung in Hunds- und Menschenaffen (Pongidae).

Die ersten Menschenaffen, die sich noch ausschließlich von Früchten ernährten, lebten vor rund 23 Millionen Jahren gegen Ende des Oligozäns, waren so groß wie später die Schimpansen oder Gorillas und wogen zwischen 15 und 80 Kilogramm. Mit einem Volumen von bis zu 170 Kubikzentimeter war ihr Gehirn sogar größer als das heutiger Affen vergleichbarer Körpermasse. Vor allem aber hatten sie keinen Schwanz mehr, dafür aber etwa gleich lange Vorder- und Hinterextremitäten und bewegten sich, wenn sie nicht in Bäumen kletterten oder sich von Ast zu Ast schwangen, ähnlich den heutigen Rhesus- und Berberaffen vierfüßig am Boden fort.

Mit dem nach einem berühmten Schimpansen des Londoner Zoos namens «Consul» genannten *Proconsul* gab es zu Beginn des Neogens, das die Periode des Paläogens am Ende des Oligozäns ablöste, den ersten bekannten Affen, der wohl kein reiner Baumbewohner mehr war, sondern sich bereits an ein Leben in lichten Waldsteppen angepaßt hatte.

Das warme Miozän

War es zu Beginn des Oligozäns zu einer plötzlichen, starken Abkühlung und zur Vereisung der Antarktis gekommen, so kam es an der Grenze der Epochen Oligozän und Miozän (vor 25 Millionen Jahren) zu einem ebenso plötzlichen Temperaturanstieg, wodurch der Eispanzer der Antarktis teilweise wieder abschmolz.

Obwohl bis heute nicht wirklich verstanden ist, wie es zu diesem erneuten Klimawandel kam, dürfte einer der Hauptgründe in plattentektonischen Vorgängen und deren direkten und indirekten Folgen zu sehen sein, denn im Miozän (bis vor 5,3 Millionen Jahren) setzte sich sowohl die Westdrift der noch getrennten Kontinente Nord- und Südamerika fort als auch die Norddrift Afrikas, Indiens und Australiens, deren Platten zunehmend auf die Eurasische Platte drückten. Dadurch verstärkte sich nicht nur die Hebung der Anden, der Rocky Mountains, der Alpen und des Himalaya einschließlich des tibetischen Plateaus, sondern auch die Arabische Platte hob sich über den Meeresspiegel, sodaß sich vor etwa 18 Millionen Jahren die Landmassen Afrikas und Asiens zusammenschlossen und die Tethys bis auf den Rest, den heute das Mittelmeer bildet, endgültig verschwand. Zudem begann sich die kleine Karibische Platte unter die Cocosplatte zu schieben und damit die Entstehung der Landbrücke zwischen Nord- und Südamerika einzuleiten, während die Trennung Nordamerikas von Eurasien und die Spreizung des Meeresbodens entlang des mittelatlantischen Rückens zur Öffnung der Fram-Straße zwischen Spitzbergen und Grönland und damit zur Entstehung der Norwegisch-Grönländischen See sowie zur Öffnung der Dänemark-Straße zwischen Grönland und Island führte.

Da es an Plattengrenzen, an denen durch Subduktion, Gebirgsbildung (Orogenese) und Meeresbodenspreizung Magma an die Oberfläche dringt, zu Vulkanismus kommt, war das Miozän die Epoche mit der größten vulkanischen Aktivität der gesamten Erdneuzeit. Dabei gelangten auch große Mengen Treibhausgase wie Wasserdampf, Kohlendioxid oder Methan in die Atmosphäre, wodurch zu Beginn des Miozäns etwa die gleiche Durchschnittstemperatur herrschte wie gegen Ende des Eozäns.

Abkühlung im Miozän

Die Orogenese führte jedoch nicht nur zu verstärktem Vulkanismus, denn mit ihr setzte zugleich auch die Erosion der neu aufgefalteten Gebirgsketten ein, sodaß der Atmosphäre durch Karbonat- und Silikatverwitterung immer mehr Kohlendioxid entzogen und in den Sedimenten der Ozeane versenkt wurde. Dies war wohl eine der wesentlichen Ursachen dafür, daß es um die Mitte des Miozäns erneut zu einer rapiden Abkühlung und damit zur Bildung des antarktischen Eisschildes kam. Dieser Prozeß, der vor etwa 15 Millionen Jahren begann, hielt ohne größere Unterbrechungen – erdgeschichtlich gesehen – fast bis heute an.

Entscheidend mitbestimmt war diese Entwicklung hin zu einem kryogenen Klima – von griechisch *kryo* (Kälte, Eis) – von der Einbeziehung des Wassers des Nordpolarmeeres in das Gesamtsystem der ozeanischen Zirkulation durch die Öffnung der Fram-Straße, spielen doch die Meere nicht nur als Kohlendioxid-Senke, sondern auch als Wärmespeicher und -austauscher eine zentrale Rolle im globalen Klimageschehen.

In der Antarktis hatte die Isolation der in Pollage befindlichen Landmasse durch den Zirkumpolarstrom vom ozeanischen Wärmeaustausch zur Bildung des Eispanzers geführt, in der Arktis verhielt es sich umgekehrt: Da der Nordpol bis ins Miozän nicht von Land bedeckt war, sondern vom Arktischen Ozean, war dieser so lange nicht vereist, solange er vom ozeanischen Wärmeaustausch isoliert war. Erst nachdem das Nordpolarmeer durch die Öffnung der Fram-Straße an die globale ozeanische Zirkulation angekoppelt war, konnte relativ warmes, salzhaltiges Atlantikwasser über den Barentsschelf ein- und kaltes, salzärmeres Wasser durch die sich bis zum Ende des Miozäns immer weiter vertiefende Fram-Straße ausströmen. Damit war zu der ursprünglichen, von der Antarktis ausgehenden kalten Tiefenströmung eine zweite, wenngleich schwächere von der Arktis her getreten und somit das Grundmuster der heutigen Ozeanströme geschaffen.

Unterstützt wurde diese Entwicklung durch die Hebung des tibetischen Plateaus, das dadurch zur Wasserscheide wurde, sodaß die nun nach Norden umgeleiteten Flüsse Sibiriens ins arktische

Meer flossen. Indem ihr Süßwasser dessen Salzgehalt reduzierte, wurde wiederum die Eisbildung gefördert, was zu weiterer Abkühlung beitrug.

Erste Schritte zum aufrechten Gang

Da im Oberen Miozän, vor rund 7 bis 8 Millionen Jahren, in hohen Breiten die nördliche Hemisphäre zunächst auf Grönland und in einigen Hochgebirgsregionen teilweise zu vereisen begann, wurde den Ozeanen zunehmend Wasser entzogen, sodaß der Meeresspiegel ständig sank und immer größere Flächen trockenfielen.

Eine der Folgen war, daß sich die Verbindung zwischen Atlantik und Mittelmeer – die heutige Straße von Gibraltar – vor 6 Millionen Jahren schloß, wodurch der letzte Überrest der Tethys austrocknete und es zur Verlandung des Mittelmeeres und zur Bildung mächtiger Salzablagerungen auf dem ehemaligen Meeresboden kam.

Als Folge des Klimawandels im Miozän verschwand ein Großteil der tropischen Regenwälder, während sich im hohen Norden Tundra ausbreitete, gefolgt in Richtung Äquator von Nadel- und Laubwäldern sowie von subtropischer Vegetation. In der Mitte der Kontinente, wo die ausgleichende Wirkung der Meere als Wasserlieferant ausblieb, weil sich Wolken vor allem an den Rändern der Kontinente abregnen, entstanden hingegen – insbesondere im Inneren Asiens und Afrikas – offene, mit Büschen und Bäumen bewachsene Graslandschaften.

Für die Baumbewohner, zu denen auch die Familie der Menschenaffen (Pongidae) noch zu zählen ist, hatte in der ersten, warmen Hälfte des Miozäns nicht die Notwendigkeit bestanden, sich an trockenere Lebensräume anzupassen (Selektionsdruck). Dies änderte sich in der zweiten Hälfte, und aus Menschenähnlichen (Hominoidea) wie *Proconsul* und *Dryopithecus* entwickelten sich die ersten Menschenartigen (Hominidae).

Entscheidendes Merkmal aller Hominiden ist der für ein Leben in der Savanne vorteilhafte aufrechte Gang. Zwar laufen auch andere Tiere auf zwei Beinen, doch anders als bei Vögeln, deren vordere Extremitäten in der Regel zum Fliegen dienen, oder bei Känguruhs, die – wie bereits einige Dinosaurier des Mesozoikums – zusätzlich einen dicken, langen Schwanz als Stütze und Gegengewicht besitzen, handelt es sich bei ihnen um «echte» Zweibeinigkeit (Bipedie). Diese erfordert eine Reihe anatomischer Besonderheiten wie ein tiefliegendes Hinterhauptloch als Ansatzpunkt für die senkrechtstehende Wirbelsäule und – als Folge der veränderten Kopfstellung – ein flaches, vertikal gestelltes Gesicht. Hinzu kommt ein Schädel mit großen Augenhöhlen und großem Innenraumvolumen zum Schutz eines Gehirns, das zur präzisen Erfassung räumlicher Gegebenheiten und zur Steuerung der komplizierten Lage- und Stellreflexe des Körpers fähig ist.

Stammvater «Lebenshoffnung»?

Es dürfte also kein Zufall sein, daß gerade in jenem Gebiet des Heimatkontinents von Altweltaffen und Hominoiden, wo sich die Wälder der zunehmenden Trockenheit wegen am frühesten lichteten und einer offeneren, jedoch noch immer reichen Vegetation Raum gaben, das bisher älteste Fossil eines Hominiden-Schädels gefunden wurde: Am 19. Juli 2001 entdeckte Djimdoubalbaye Ahounta – Mitglied der Mission Paléontologique Franco-Tchadienne – in der Djurab-Wüste im Norden der zentralafrikanischen Republik Tschad einen fast vollständigen, auf ein Alter von fast 7 Millionen Jahren datierten Schädel, dessen Zuordnung zu den Menschenartigen zunächst umstritten war, der mit Hilfe einer computerunterstützten Rekonstruktion aber inzwischen als zweifelsfrei hominid bestimmt werden konnte.

Ob der auf den Namen «Toumaï», Lebenshoffnung, getaufte, wissenschaftlich jedoch nach seinem in der Sahelzone gelegenen Fundort als *Sahelanthropus tchadensis* Bezeichnete der Stammvater aller Menschen war, ist Spekulation. Sicher allerdings ist, daß seine Hirnschale mit einem Volumen von 360 bis 370 Kubikzentimetern zwar kleiner war als die aller anderen bislang gefundenen erwachsenen Hominiden, damit aber immerhin etwa so groß war wie die eines Schimpansen. Und er lebte, darauf lassen am selben Ort gefundene Fossilien anderer Wirbeltiere schließen, am Rande eines in der Nähe einer Sandwüste gelegenen Sees. Damit aber wären die Funde aus dem Tschad das älteste Zeugnis dafür, daß bereits im Oberen Miozän im nördlichen Afrika ein Wüstenklima herrschte.

8 Klima und Evolution im Pliozän

In diesem Kapitel erfahren Sie,
- wie warmes Wasser zur Abkühlung beitragen kann,
- daß Veränderungen der Erdbahn Temperaturschwankungen hervorrufen,
- warum die Oberfläche der Erde deren Energiehaushalt beeinflußt,
- weshalb der Ostafrikanische Graben als «Wiege der Menschheit» gilt,
- warum vermutlich die Norddrift Australiens Ostafrika trockener werden ließ,
- wann unsere Ahnen zu sprechen und Werkzeuge herzustellen begannen.

Die Entstehung des Golfstromes

Foraminiferen – von lateinisch *foramen* (Loch) und *ferre* (tragen) – sind einzellige Organismen des Zooplanktons mit in der Regel aus Kalk aufgebauten, manchmal aber auch aus Sandkörnchen zusammengefügten, bestachelten und oft vielfach durchlöcherten Schalen. Diese meist mikroskopisch kleinen, auch Porentierchen oder Kammerlinge genannten Einzeller finden sich in allen Weltmeeren, wo ihre Schalenreste, die großenteils aus Karbonat bestehen, seit dem Kambrium einen Hauptbestandteil des Bodensatzes und Tiefseeschlammes und damit einen wesentlichen Teil der Erdkruste bilden.

Wie der Vergleich von Sedimentproben zeigte, gab es zwischen Foraminiferen im Atlantik und Pazifik bis vor etwa 4,7 Millionen Jahren keine Unterschiede. Dies ist dadurch zu erklären, daß es bis dahin einen Austausch zwischen den Wassermassen dieser Ozeane gab. Erst die Hebung der Karibischen Platte, die vor etwa 13 Millionen Jahren begann, führte dazu, daß an der Grenze zwischen Miozän und Pliozän (vor 5,3 Millionen Jahren) die Meerestiefe zwischen Nord- und Südamerika nur noch wenig mehr als 100 Meter betrug. Dadurch wurde zunächst der Tiefenströmung ein Riegel vorgeschoben. Mit der endgültigen Schließung des Isthmus von Panama durch eine Landbrücke, die nun in großem Umfang Wanderungen von Landtieren zwischen Nord- und Südamerika ermöglichte, wurde dann vor etwa 2,7 Millionen Jahren auch der Austausch des Oberflächenwassers der beiden Weltmeere verhindert. Das salzhaltigere Wasser des Atlantiks mischte sich nun nicht mehr mit dem weniger salzhaltigen des Pazifiks.

Die ausbleibende Verdünnung der atlantischen Wassermassen und der Anstieg der Salinität des Oberflächenwassers durch starke Verdunstung in den flachen tropischen Gewässern der Karibik bewirkte eine Intensivierung der thermohalinen Zirkulation und somit einen erhöhten Salz- und Wärmetransport in Richtung Arktis. Damit war der Golfstrom entstanden, dessen Ausläufer, der Nordatlantikstrom, seither warmes, salzreiches Wasser nach Europa transportiert und dort wie eine «Warmwasserheizung» für ein günstiges Klima sorgt.

Der Atlantik als Kohlenstoffsenke

Daß ausgerechnet Wärmezufuhr wesentlich zur Vereisung der Arktis beigetragen haben könnte, scheint zunächst widersinnig, und tatsächlich kam es im Pliozän zunächst (vor 4,7 bis 3,1 Millionen Jahren) zu einer Erwärmung. Doch die tiefgreifende Änderung der ozeanischen Strömungsmuster infolge der Hebung der Panama-Schwelle, die vor 4,6 Millionen Jahren einen kritischen Grenzwert erreicht hatte, brachte auch eine verbesserte Durchlüftung und eine Änderung der chemischen Eigenschaften des Tiefenwassers am Äquator mit sich: Hatte sich der äquatoriale Westatlantik im frühen Pliozän noch durch geringe Tiefenwasserdurchlüftung und einen extrem hohen Anteil im Wasser gelösten Kalks ausgezeichnet – die Karbonat-Kompensationsgrenze lag zwischen 3000 und 4400 Metern Tiefe –, so sank die Lysokline danach um bis zu 1000 Meter, sodaß große Mengen Kalziumkarbonats ($CaCO_3$) ungelöst als Sediment am Meeresboden erhalten blieben. Dadurch aber gelangte auch der im Kalk gebundene Kohlenstoff nicht zurück in die Atmosphäre, was den Anteil des Kohlendioxids und damit den Treibhauseffekt entsprechend reduzierte und so zur Abkühlung beitrug.

Zur gleichen Zeit, als sich der Panama-Seeweg entscheidend verflachte, kam es zudem zu einer verstärkten Hebung der Anden, was durch die nachfolgende Verwitterung des siliziumreichen Gesteins des jungen Gebirges zu einem deutlichen Anstieg der Zufuhr von Siliziumdioxid (SiO_2) über den Amazonas in den Atlantik führte (Amazonasfracht). Dieser Eintrag siliziklastischer Sedimente bei der Ceara-Schwelle vor der Nordostküste Brasiliens verringerte über den beim Silikatkreislauf durch Kieselalgen gespeicherten Kohlenstoff zusätzlich den Kohlendioxid-Anteil der Atmosphäre und somit den Treibhauseffekt.

Zur Versenkung großer Mengen von Kohlenstoff im Atlantik kam hinzu, daß die warmen, vom Golfstrom in die Arktis transportierten Wassermassen die für den Aufbau einer nordpolaren Eiskappe durch Schneefall notwendige Luftfeuchtigkeit bereitstellten. Die zunächst nur teilweise Vereisung der Nordhemisphäre intensivierte sich vor 3,1 Millionen Jahren so sehr, daß sie vor etwa 2,6 Millionen Jahren in eine vollständige Vereisung der Arktis überging.

Die Milanković-Zyklen

Die Vereisungen auf der Nordhalbkugel sind allerdings keineswegs auf terrestrische Ursachen wie plattentektonische Vorgänge allein zurückzuführen. Eine entscheidende Rolle spielt auch die Sonnenstrahlung, wobei die ankommende Energie nicht nur von der Strahlungsintensität der Sonne selbst abhängt, sondern auch von der zeitlichen und räumlichen Verteilung der auf die Erdoberfläche treffenden Strahlung. Diese aber wird, wie der serbische Bauingenieur und Klimaforscher Milutin Milanković (1879–1958) herausfand, entscheidend von drei sich periodisch verändernden und einander überlagernden astronomischen Faktoren beeinflußt, die allesamt auf den komplexen Wechselwirkungen zwischen den Anziehungskräften (Gravitation) der Sonne, des Mondes und der Erde sowie der anderen Planeten unseres Sonnensystems beruhen.

Sauerstoffisotope als Klimaindikatoren

Wasser ($H_2^{16}O$) ist nicht gleich Wasser ($H_2^{18}O$). Der Unterschied liegt in den Sauerstoffisotopen.

Isotope sind Varianten eines chemischen Elements gleicher Ordnungs-, aber verschiedener Massenzahl, wobei man zwischen stabilen (nicht radioaktiven) und instabilen (radioaktiven), das heißt zerfallenden Isotopen unterscheidet. Aus welchen Isotopen ein Element besteht, läßt sich mit Hilfe eines Massenspektrometers bestimmen.

Sauerstoff kommt in der Natur in Gestalt von drei stabilen Isotopen vor: ^{16}O, ^{17}O und ^{18}O. Davon ist ^{16}O mit 99,7 Prozent das häufigste, gefolgt von ^{18}O mit 0,1995 Prozent. Da zwischen ^{17}O und ^{18}O eine feste Beziehung besteht, genügt es, zur Bestimmung der Isotopenzusammensetzung nur das Verhältnis zwischen ^{16}O und ^{18}O zu messen. Dieses Verhältnis bezeichnet man als ^{18}O-Wert.

Der Anteil der schwereren ^{18}O-Sauerstoffisotope in den Ozeanen ist abhängig von der Wassertemperatur, denn je mehr ^{16}O-Isotope im Eis der Polkappen und Gletscher gebunden sind, desto höher ist die Konzentration von ^{18}O im Meerwasser. Niedrige ^{18}O-Konzentrationen sind daher ein Indiz für ein wärmeres, höhere ^{18}O-Konzentrationen hingegen für ein kälteres Klima.

Die drei Faktoren und die von ihnen verursachten Zyklen sind:

→ *Exzentrizität*
Etwa alle 100 000 Jahre wechselt die Umlaufbahn der Erde aus einer ungefähren Kreis- in eine leichte Ellipsenform; dadurch ändert sich der Abstand der Erde von der Sonne und mit ihm die Energieeinstrahlung.

→ *Obliquität (Schiefe der Ekliptik)*
Etwa alle 41 000 Jahre ändert sich der zwischen 21,6° und 24,5° schwankende Neigungswinkel der Rotationsachse der Erde zur Ebene der Erdumlaufbahn (Schiefe der Ekliptik oder Erdschiefe); dadurch ändert sich die Verteilung der Strahlung auf der Erdoberfläche.

→ *Präzession*
Etwa alle 25 800 Jahre (platonisches Jahr) durchläuft die Rotationsachse der Erde eine Kreiselbewegung, da die Erde keine exakte Kugel, sondern ein «ausgebuchtetes» Ellipsoid ist; dadurch ändern sich die Verteilung der Strahlung und die Zeitpunkte der Tagundnachtgleichen (Äquinoktien).

Daß zwischen den Milanković-Zyklen und der Entwicklung des Klimas im Pliozän ein Zusammenhang besteht, hat der Nachweis zyklischer Schwankungen von 100 000 und 41 000 Jahren bei der Konzentration der Sauerstoffisotope ^{16}O und ^{18}O im Kalk ($CaC^{16}O_3$ oder $CaC^{18}O_3$) von Foraminiferen-Schalen im Sediment der Meeresböden ergeben.

Albedo und Vegetation im Pliozän

Zu den beschriebenen terrestrischen und astronomischen Faktoren, die im Laufe des Pliozäns zu einer fortschreitenden Abkühlung bis hin zu permanenten Vereisungen in der nördlichen Hemisphäre beitrugen, trat der Albedo-Effekt.

Wurde die Rückstrahlung der Sonnenenergie in den Weltraum bereits durch die hohe Albedo des arktischen Eises verstärkt, so bewirkte der Klimawandel darüber hinaus großräumige Veränderungen der Vegetationsdecke: Während im Norden tropische und wärmeliebende Pflanzen ausstarben und winterharten Arten Platz machten, schritt die Austrocknung ehemaliger Feuchtgebiete und die Ausbreitung von Steppen und Wüsten in den Binnenräumen der Kontinente fort. Während in hohen Breiten die Wälder zurückgingen und durch Tundren ersetzt wurden und sich in den gemäßigten Zonen Nordamerikas und Asiens sommergrüne Laub- und Mischwälder ausbreiteten, beschränkte sich die tropische Vegetation zunehmend auf die Ränder der Kontinente im äquatorialen Bereich.

Da Gras- und Offenlandschaften wie Steppen und Wüsten jedoch eine wesentlich höhere Albedo aufweisen als tropische und subtropische Wälder und sich durch die Bindung großer Wassermengen im Eis der Polkappen und Gletscher (Kryosphäre) überdies die Gesamtfläche der stark wärmeabsorbierenden Ozeane verringerte, erhöhte sich auch die planetare Albedo. Wie dies im einzelnen geschah, ist derzeit noch weitgehend unklar. Fest steht nur, daß es ein äußerst komplexes Zusammenwirken zahlreicher Faktoren und Rückkoppelungsprozesse war, das die negative Änderung der Strahlungsbilanz der Erde und damit die Abkühlung im Pliozän bewirkte.

> ## Die Albedo
>
> Die Albedo ist ein Maß für das Vermögen unterschiedlicher Oberflächen, Licht durch Streuung oder Reflexion zurückzustrahlen, ausgedrückt in Prozent. Eine (theoretische) Albedo von 1 entspricht dabei einer Rückstrahlung von 100 Prozent, eine Albedo von 0 bedeutet die vollständige Absorption einfallender Strahlung. Die Albedo gibt also das Verhältnis von einfallender zu reflektierter Strahlung an.
>
> Bestimmt wird die Albedo von den Eigenschaften der bestrahlten Fläche und vom Einfallswinkel der Strahlung: Je dunkler eine Oberfläche im Spektralbereich des sichtbaren Lichts ist, desto kleiner ist ihre Albedo; je steiler der Einfallswinkel ist (das Maximum ist bei einem Winkel von 90° erreicht), desto größer ist die Strahlungsintensität.
>
> Die Albedo ist also keine konstante Größe, sondern hängt von ständig wechselnden Faktoren ab, einschließlich der Bewölkung sowie des Wasserdampfgehalts und der Trübung der Atmosphäre durch Stäube. Dennoch seien hier einige Beispiele für durchschnittliche Albedos diverser Erdoberflächen bei nicht allzu tiefem Sonnenstand gegeben:
>
> | | |
> |---|---|
> | Neuschnee | 0,80–0,95 |
> | Wolkendecke (dicht) | 0,50–0,80 |
> | Altschnee | 0,45–0,80 |
> | Sand und Wüste | 0,25–0,40 |
> | Savanne, Prärie | 0,20–0,25 |
> | Grasland (grün) | 0,15–0,20 |
> | Sümpfe | 0,10–0,15 |
> | Waldgebiete | 0,05–0,15 |
> | Ackerboden (dunkel) | 0,05–0,10 |
> | Wasserflächen | 0,03–0,10 |
>
> Die Albedo hat großen Einfluß auf den gesamten Strahlungs- und Energiehaushalt der Erde. Das Gesamtsystem von Erde und Atmosphäre hat eine (planetare) Albedo von etwa 0,30.

Spezialisten und Generalisten

Der von der Abkühlung hervorgerufene und diese zugleich verstärkende Florenwandel im Pliozän wirkte sich unmittelbar auch auf die Evolution der marinen wie der terrestrischen Faunen aus. Vor allem die zunehmende Trockenheit, die der Familie der Gräser neue Lebensräume eröffnete, zwang an ein Leben in Wäldern angepaßte Arten, mit den neuen Umweltbedingungen fertigzuwerden. Dabei gab es grundsätzlich zwei Möglichkeiten, dem Evolutionsdruck zu begegnen: entweder durch Spezialisierung oder, im Gegenteil, durch Entwicklung von Fähigkeiten, die es der Spezies ermöglichte, unter den unterschiedlichsten Umweltbedingungen zu überleben.

Während Pferde, die besonders harte Zähne entwickelten, um sich von den sich ausbreitenden siliziumhaltigen Gräsern ernähren zu können, bereits im Miozän aus Laub- zu Grasfressern geworden waren, und Wiederkäuer wie Antilopen und Rinder, deren Magen auf die Verdauung nährstoffarmer Gräser spezialisiert ist, typische Beispiele für die Anpassung an die ökologische Nische der Steppe sind, ist der Mensch das erfolgreichste Beispiel für die Evolution eines ökologischen «Generalisten».

Die Rekonstruktion des Schädels von «Toumaï» *(Sahelanthropus tchadensis)* hat gezeigt, daß die Bipedie, der entscheidende Schritt auf dem Wege der Menschwerdung (Hominisation), in Zentralafrika schon im Oberen Miozän getan war. Fossilien des wegen seines Fundjahres 2000 auch «Millennium Man» genannten *Orrorin tugenensis* bestätigen, daß etwa eine Million Jahre später, vor rund 6 Millionen Jahren – fast 3000 Kilometer entfernt, in den Tugen-Bergen 250 Kilometer nordwestlich der kenianischen Hauptstadt Nairobi –, schimpansengroße Hominiden gelebt haben.

Dieser «Ursprungsmensch» – so die Bedeutung von «Orrorin» in der Tugen-Sprache –, dessen Oberschenkelknochen auf einen aufrechten Gang hindeuten, während die Hand- und Oberarmknochen vermuten lassen, daß er sich auch von Ast zu Ast hangelte, dürfte zudem, darauf lassen die Zahnfunde schließen, neben vegetarischer zumindest gelegentlich auch fleischliche Nahrung zu sich genommen haben.

Zu dieser mangelnden Spezialisierung auf nur eine Fortbewegungsart, welche die frühen Hominiden zu einem Leben im Grasland wie auf Bäumen befähigte, könnte, so ließe sich spekulieren, als drittes das Waten im Wasser hinzugekommen sein. In der Tat vertreten einige Anthropologen die These, die Vorfahren der Menschen hätten zumindest zeitweise eine Phase durchlaufen, in der sie sich anatomisch an ein Leben in der Nähe von – und möglicherweise sogar in – Gewässern angepaßt hätten.

Wasser im Ostafrikanischen Graben

Vielleicht könnte der Streit um diese von Sir Alister Hardy (1896–1985) begründete Wasseraffen-Hypothese, der die von der Mehrheit der Paläoanthropologen vertretene Savannenaffen-Hypothese gegenübersteht, aber schon bald beigelegt sein, denn im Ostafrikanischen Graben, der als «Wiege der Menschheit» gilt, war es seit dem Pliozän keineswegs so gleichmäßig trocken wie bislang angenommen.

Wie kürzlich Untersuchungen von Sedimenten mehrerer Senken ergaben, dürfte es zwischen der an das Rote Meer grenzenden Afar-Region Äthiopiens im Norden und der Olduvai-Schlucht Tansanias im Süden mehrfach Wechsel zwischen trockenem und feuchtem Klima gegeben haben. Ein Indiz dafür sind bis zu 90 Meter mächtige Ablagerungen von Kieselalgen (Diatomeen), die auf die Existenz mehrerer großer, zum Teil Hunderte von Metern tiefer Seen deuten, wobei eingeschlossene vulkanische Ascheschichten sehr genaue Datierungen erlaubten, während die chemische Analyse der Silikatskelette Auskunft über die klimatischen Bedingungen gab. Aufgrund der so gewonnenen Erkenntnisse kamen die Forscher zu der Überzeugung, daß die Seen durch starke Niederschläge, die die Verdunstung mehr als ausgeglichen haben, und nicht durch tektonische Prozesse entstanden sind.

Dabei ist der Ostafrikanische Graben, der zu einer über 6000 Kilometer langen Bruchzone gehört, die vom Jordan-Tal über das Rote Meer und weiter durch Äthiopien, Kenia und Tansania bis zum Malawi-See reicht, eine der tektonisch aktivsten Regionen der Welt. Das stellenweise bis zu 100 Kilometer breite und mehrere tausend Meter tiefe Riftsystem markiert einen Riß zwischen der Afrikanischen und der Somalischen Platte, die sich im Miozän vom übrigen Afrika zu trennen und nach Osten zu driften begann. In der Spreizzone drückte Magma nach oben, sodaß es außer zu heftiger vulkanischer Tätigkeit auch zu Hebungs- und Bruchtektonik kam, die durch Aufdomung zunächst das Ostafrikanische Hochplateau und anschließend den Grabenbruch hatte entstehen lassen. Dadurch wurde eine äußerst abwechslungsreiche Landschaft mit zahlreichen Seen und Fließgewässern geschaffen. Aufgrund ihres vielgestaltigen Reliefs dürfte diese überdies durch Luv- und Lee-Effekte ein von dem des angrenzenden Hochlandes verschiedenes und sich zudem in relativ kurzer Zeit wiederholt wandelndes Klima gehabt haben.

Möglicherweise war das Klima innerhalb des Grabenbruchs sogar niederschlagsreicher und bot daher den frühen Hominiden bessere Lebensbedingungen als andere Gebiete Ostafrikas, wo es im Laufe des Pliozäns trockener wurde.

Die Schließung der Indonesischen Passage

Früher war man bemüht, die zunehmende Trockenheit in Ostafrika ebenfalls mit der durch die Schließung der Panama-Straße verursachten Abkühlung zu erklären. Seit den sintflutartigen Niederschlägen, die um die Jahreswende 1997/98 vor allem in Kenia durch großflächige Überschwemmungen Tausende Menschenleben gefordert und Hunderttausende obdachlos gemacht hatten, richtet sich die Aufmerksamkeit der Klimaforscher jedoch auch auf den Zusammenhang zwischen den Meeresströmungen im Indischen Ozean und dem Wettergeschehen in Ostafrika. Wenn, so die Überlegung, die als «El Niño» bezeichnete ungewöhnlich warme Strömung Regen brachte, dann müßten umgekehrt kältere Strömungen zu Trokkenheit (Aridität) geführt haben.

Die im Pliozän zunehmende Aridität, lautet die Hypothese, könnte durch eine Änderung der Meeresströmungen als Folge der allmählichen Schließung der Verbindung zwischen dem Pazifischen und dem Indischen Ozean verursacht worden sein. Der Prozeß hatte im Unteren Miozän begonnen und war vor rund 4 Millionen

Jahren durch die Norddrift der Australischen Platte so weit fortgeschritten, daß die warme Strömung aus dem Südpazifik unterbrochen wurde und statt dessen kühleres, weniger salzhaltiges Wasser aus dem Nordpazifik durch die indonesische Inselkette zwischen Borneo und Neuguinea in den Indischen Ozean floß. Und das wiederum hatte Auswirkungen auf die Zirkulation und den Feuchtigkeitsgehalt der Luft im östlichen Äquatorialafrika.

Hinzu kommt, daß infolge der weiteren Hebung Tibets auch der indische Monsun stärker wurde. Die Koppelung des asiatischen mit dem afrikanischen Monsun kann damit unmittelbar zur Aridisierung Ostafrikas beigetragen haben.

Über die klimatischen Veränderungen im Bereich des Äquators hinaus, so wird vermutet, könnte die Schließung der Indonesischen Passage aber auch Folgen für das weltweite Klimageschehen gehabt haben. Vermutlich sei dadurch weniger Wärme aus den Tropen in höhere Breiten transportiert worden, was zur Abkühlung der nördlichen Hemisphäre auch im pazifischen Raum und somit zur Vereisung Kanadas geführt habe.

Inwieweit sich diese Theorie wird erhärten lassen, bleibt abzuwarten. Aufschluß darüber, ob die Oberflächentemperatur im Indischen Ozean tatsächlich, wie postuliert, während des Pliozäns um einige Grad Celsius abnahm, könnten Analysen der in den Schalen von Foraminiferen eingebauten Sauerstoffisotope nach der klassischen ^{18}O-Methode oder – ebenfalls massenspektrometrische – Untersuchungen des Magnesium/Kalzium-Verhältnisses (Mg/Ca) geben.

Streit um den Stammbusch

Was immer letztlich die Ursachen für die globale Abkühlung im allgemeinen und die Aridität in Ostafrika im besonderen gewesen sein mögen, fest steht, daß nirgendwo sonst auf der Welt so zahlreiche und zugleich so alte Fossilien aufrecht gehender Wesen gefunden wurden, welche die Übergangsformen vom Affen zum Menschen darstellen, wie im Gebiet des Ostafrikanischen Grabensystems. Angefangen vom
- *Ardipithecus ramidus kadabba* – zusammengesetzt aus den Wörtern *ardi* (Boden), *ramid* (Wurzel) und *kadabba* (ältester Vorfahr)

der Sprache des muslimischen Volkes der Afar sowie dem griechischen *pithecos* (Affe) –, der vor 5,8 bis 5,2 Millionen Jahren lebte, über den

- *Ardipithecus ramidus*, der vor 4,4 Millionen Jahren lebte, und die Gattung der
- *Australopithecus* (griechisch: Südaffen), deren mindestens sieben Arten von vor 4,5 bis 1,1 Millionen Jahren im gesamten ostafrikanischen Raum bis hinunter nach Südafrika lebten, bis zum
- *Homo habilis* (lateinisch: geschickter Mensch), der vor etwa 2,5 bis 1,6 Millionen Jahren lebte und allgemein als der erste Vertreter der Gattung Mensch gilt, fand man dort eine Fülle von Fossilien, deren genaue Einordnung in den Stammbaum – oder treffender: Stammbusch – des Menschen und seiner Vorfahren bis heute nicht nur wissenschaftlich umstritten ist, sondern immer wieder auch zu persönlichen Zerwürfnissen zwischen den Paläoanthropologen geführt hat.

Gräben spalten also nicht nur Afrika, sondern auch die Hominidenforscher, allen voran die Gruppe um Donald C. Johanson (geb. 1943) und die Paläoanthropologen-Dynastie der Leakeys, die seit dem spektakulären Fund eines 1,8 Millionen Jahre alten Schädels der heute als *Australopithecus boisei* bezeichneten Spezies durch Louis S. B. Leakey (1903–1972) und seiner zweiten Frau Mary (1913–1996) im Jahr 1959 in der Olduvai-Schlucht in Tansania zeitweise außer der wissenschaftlichen auch die öffentliche Debatte beherrschten. Der Streit, der bisweilen groteske Formen annahm und zum Teil auch innerhalb der Familie Leakey ausgetragen wurde, tobte wesentlich um die Frage, welche der durch Fossilien belegten Spezies direkte Vorfahren des Menschen sind und welche nicht.

Lucy und Jonnys Kind

Unbestritten jedoch ist, daß «Lucy» aufrecht ging. Die kaum 90 Zentimeter große Südaffen-Dame, die vor 3,18 Millionen Jahren im Alter von knapp zwanzig Jahren starb und ihren Namen dem Beatles-Song «Lucy in the Sky with Diamonds» verdankt, ist gewiß die berühmteste Persönlichkeit des Pliozäns. Ihr Knochengerüst, das zu fast 40 Prozent erhalten ist, wurde 1974 bei Hadar in der nordäthiopischen Afar-Region ausgegraben. Es ist das vollständigste bisher gefundene Skelett eines Hominiden.

Mit ihren langen Armen und kurzen Beinen waren die Vertreter der Spezies *Australopithecus afarensis*, der Lucy von ihrem Entdecker Johanson zugerechnet wurde, allerdings recht affenähnlich gebaut, und auch ihr Gehirn war mit einem Volumen von 375 bis 550 Kubikzentimetern ziemlich klein.

Im Gegensatz zu Lucy und ihrer Verwandtschaft besaß das Gehirn des *Homo habilis*, der etwa 1,30 Meter groß wurde, mit 500 bis 800 Kubikzentimetern ein wesentlich größeres Volumen. Eines der Fossilien, anhand derer diese Art zum ersten Mal beschrieben wurde, ist ein Unterkiefer, den Jonathan Leakey am 2. November 1960 fand. Zusammen mit weiteren Bruchstücken gehört er vermutlich zu dem Skelett ein und desselben Kindes, das an der Grenze vom Pliozän zum Pleistozän im Alter von etwa elf Jahren in der Olduvai-Schlucht gestorben war und 1,8 Millionen Jahre später von Mary Leakey nach ihrem ältesten Sohn «Jonny's Child» getauft wurde.

Sprechende Werkzeugmacher

Da Louis Leakey überzeugt war, daß es sich um Überreste direkter Vorfahren des Menschen handele, ordneten er und sein Team sie nicht mehr den Australopithecinen zu, sondern gaben ihnen auf Vorschlag von Raymond Dart (1893–1988), der 1925 das erste, in Südafrika gefundene Fossil eines Australopithecinen beschrieben hatte, den – umstrittenen – Gattungsnamen *Homo* (Mensch) und die Artbezeichnung *habilis* (lateinisch: geschickt). Zum ersten Mal nämlich waren zusammen mit Fossilien von Hominiden auch Steinwerkzeuge gefunden worden, weshalb man diesen «geschickten Menschen», denen auch der am Rudolf-See (heute: Lake Turkana) ausgegrabene, etwas ältere *Homo rudolfensis* zugerechnet wird, als ersten Menschenartigen die Fähigkeit zusprach, Werkzeuge herzustellen. Hinzu kommt, daß das Gehirn, wie ein Ausguß der Hirnschale erkennen ließ, hinter dem linken Ohr einen Abdruck des für die motorische Erzeugung von Sprache wichtigen Brocaschen Zentrum aufwies. Besaß *Homo habilis* also eine – wenn auch rudimentäre – Sprache?

Auch wenn das Verbindungsglied, das berühmte «missing link», zwischen Lucy und unseren Vorfahren – oder zumindest zwischen Lucys Vorfahren und den unsrigen – noch nicht gefunden ist, so steht doch außer Frage, daß eine verwandtschaftliche Beziehung besteht und daß es nicht zuletzt der kontinuierliche Wandel der klimatischen Bedingungen war, der die Evolution von den ersten Anfängen des Lebens auf unserem Planeten bis zur Geburt von Jonnys Kind vorantrieb. Manche der Faktoren, die diesen Prozeß bestimmten, kennen wir. Doch damit wissen wir noch lange nicht, was die Entwicklung von Tieren mit kleinem Gehirn, die keine Werkzeuge herstellten, zu sich sprachlich verständigenden Werkzeugmachern mit großem Gehirn bewirkt hat. Es erscheint uns wie ein Wunder, eine Mischung aus Zufall und Notwendigkeit, und die Zeit, in der dieser Übergang erfolgte, ist gewiß eine der faszinierendsten in der Geschichte des Lebens.

9 *Klima und die Evolution des Menschen im Eiszeitalter*

In diesem Kapitel erfahren Sie,
- was bewirkt, daß der Wasserspiegel des Pazifiks höher ist als der des Atlantiks,
- warum sich Gebirgsbildung auf den Kohlendioxidgehalt der Atmosphäre auswirkt,
- wie es zum periodischen Wechsel zwischen Kalt- und Warmzeiten kam,
- welche Zusammenhänge bestehen zwischen aufrechtem Gang, Sprache und Denken,
- wozu es nützt, sein Haarkleid zu verlieren, um es am Ende durch Kleider zu ersetzen,
- welche Folgen der Gebrauch von Werkzeug und die Beherrschung des Feuers hatten.

Die Geologische Zeitskala[*]

Wie umstritten Einteilung und Bezeichnungen der Erdzeitalter zum Teil noch sind, zeigt die Grenze zwischen Pliozän und Pleistozän: Wurde früher in der Historischen Geologie die Zeit vom Ende der Kreidezeit bis zum Beginn des Pleistozäns (vor 65 bis 1,8 Millionen Jahren) als «Tertiär» bezeichnet, dem das «Quartär» (vor 1,8 Millionen Jahren bis heute) folgte, so erscheinen in der 2004 von der Inter-

---

[*] In der vorliegenden Veröffentlichung wurden durchgehend Daten und Begriffe der derzeit verbindlichen Geologischen Zeitskala verwendet. Dies gilt auch für die Angabe der Zeitgrenze zwischen Pliozän und Pleistozän mit 1,8 Millionen Jahren, obwohl darüber diskutiert wird, die Grenze auf die Zeit vor 2,6 Millionen Jahren und damit auf den geologisch besser faßbaren Beginn der vollständigen Vereisung der nördlichen Hemisphäre zu verlegen.

nationalen Kommission für Stratigraphie herausgegebenen Geologischen Zeitskala beide Begriffe nicht mehr. An die Stelle des Tertiärs traten Paläogen und Neogen, wobei letzteres auch die Epoche des Quartärs einschließt.

Das Große Marine Förderband

Zu Beginn des früher Diluvium (lateinisch: Überschwemmung, Wasserflut) genannten Pleistozäns hatten die Kontinente weitgehend ihre heutige Gestalt und Lage an- und eingenommen und die Schließung des Isthmus von Panama, die die direkte Strömung vom Atlantik in den Pazifik unterband, hatte das «Große Marine Förderband» in Gang gesetzt, das die drei Weltmeere miteinander verbindet. Damit waren die geophysikalischen Grundlagen für das gegenwärtige Klimageschehen geschaffen, das das Leben auf der Erde bestimmt.

Hauptantrieb für dieses globale Strömungssystem, an dem auch die atmosphärische Zirkulation und die Corioliskraft mitwirken, ist die hohe Verdunstungsrate in der Karibik, die zu einem gegenüber den anderen Ozeanen höheren Salzgehalt und damit zu einer höheren Dichte des Atlantikwassers führt. Vom Golfstrom – Ozeanographen bezeichnen die nach Europa reichende Strömung als Nordatlantikstrom – als Oberflächenwasser in die See zwischen Grönland und Norwegen transportiert, kühlt es dort ab, wodurch sich infolge der Eisbildung seine Salinität und damit seine Dichte weiter erhöhen, sodaß es rasch absinkt, während der dabei entstehende Sog verstärkt salzreiche Wassermassen aus der Karibik anzieht.

Auf diese Weise werden im Nordatlantik pro Sekunde durchschnittlich 17 Millionen Kubikmeter Wasser in die Tiefe gepumpt, was etwa dem Zwanzigfachen der Abflußmenge aller Flüsse der Welt entspricht und weit mehr ist, als alle Niederschläge zusammen. Als nordatlantisches Tiefenwasser fließt es dann nach Süden zurück, wo es größtenteils in den antarktischen Zirkumpolarstrom gelangt, um von dort als kalte Tiefenströmung im Indischen und Pazifischen Ozean verteilt zu werden.

Daß das Wasser des Pazifiks trotz dieses Zustromes von Atlantikwasser seine geringere Salinität und Dichte behält, verdankt es dem

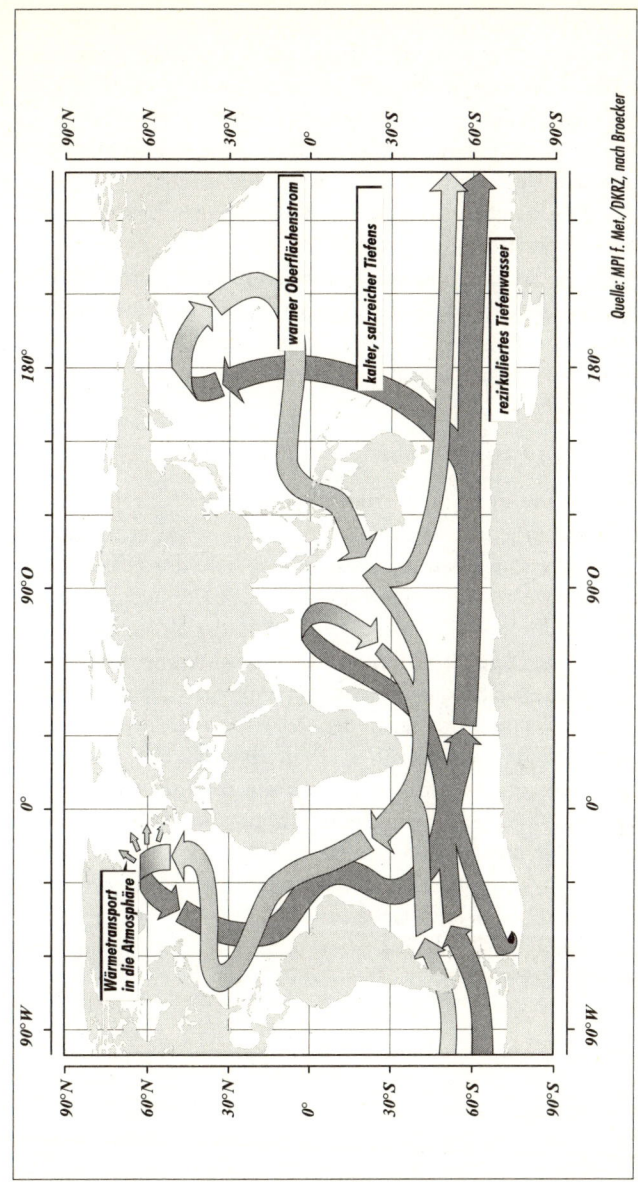

Abb. 4: Das «Große Marine Förderband». Warme Oberflächenströmungen sind hell, kalte Tiefenströmungen dunkel gekennzeichnet.

Nordost-Passat, der den in der Karibik von der Atmosphäre aufgenommenen Wasserdampf über die schmale mittelamerikanische Landbrücke in den pazifischen Raum exportiert. Der Atlantik erhält für diesen Verlust keinen Ausgleich, weil er – wegen der Breite Nordamerikas und der Regenbarriere der Rocky Mountains – sowohl außerhalb der Westwindzone des Pazifiks als auch – wegen der Breite des afrikanischen Kontinents – außerhalb der Passatzone des Indischen Ozeans liegt.

Letztlich wird die thermohaline Zirkulation des Großen Marinen Förderbandes also in Gang gehalten, weil der Atlantik durch den Export riesiger Mengen von Wasserdampf laufend mehr Frischwasser an den Pazifik abgibt, als in ihn zurückfließt.

Die Rolle der Bering-Straße

Aufgrund des um mehr als 1 Promille geringeren Salzgehaltes und der damit einhergehenden geringeren Dichte des Pazifikwassers stieg der Meeresspiegel auf der pazifischen Seite des Isthmus von Panama um etwa 70 Zentimeter über den der Karibik. Die Folge war, daß sich die zuvor von Nord nach Süd gerichtete Strömung durch die Sibirien und Alaska trennende Bering-Straße, die sich vor 7,5 bis 5 Millionen Jahren geöffnet hatte, umkehrte. Damit gelangte zusätzlich salzärmeres Wasser in den Arktischen Ozean, was wiederum den Verdünnungseffekt des Süßwassereintrags durch die sibirischen Flüsse verstärkte und somit die Bildung von Meereis förderte. Der arktische Eisschild aber erhöhte die Albedo, isolierte das Wärme speichernde Wasser von der Atmosphäre und reduzierte dadurch die Wirksamkeit der durch den Nordatlantikstrom in die Antarktis transportierten Wärme. Auf diese Weise trug der Zufluß des Pazifikwassers in die Arktis zur weiteren Abkühlung und damit zur Vereisung der nördlichen Hemisphäre bei.

Der Nordpazifik als Kohlenstoffspeicher

In den kalten Regionen hoher Breiten, wo sich die Temperatur des Oberflächenwassers der des Tiefenwassers annähert, wird die Schichtung der Wassersäule hauptsächlich vom Salzgehalt bestimmt, der wiederum vom Zustrom von Süßwasser über die Flüsse, vom Verhältnis zwischen Niederschlag und Verdunstung sowie vom jahreszeitlichen Wechsel von Eisschmelze und Eisbildung abhängt.

Während im Atlantik der hohe Salzgehalt des Oberflächenwassers zu dessen Absinken und damit zur Bildung des Nordatlantischen Tiefenstromes beitrug, hatte sich die Salinität des Pazifiks in subarktischen Regionen vor etwa 2,7 Millionen Jahren so weit verringert, daß es zu keiner Durchmischung von Oberflächen- und Tiefenwasser mehr kam. Statt dessen bildete sich eine permanente, vertikal geschichtete Wassersäule mit in der Tiefe zunehmend dichtem Wasser, weil die weltweite Abkühlung so weit fortgeschritten war, daß sich eine weitere Abnahme der Wassertemperatur im Winter nicht mehr ausreichend auf die Wasserdichte auswirkte, um die Unterschiede im Salzgehalt zu kompensieren.

Da es also im subarktischen Bereich des Pazifiks keine vertikale Durchmischung der Wassermassen mehr gab, blieb das Kohlendioxid, das sich in der Tiefsee durch Verwesung abgesunkenen organischen Materials angesammelt hatte, in den unteren Schichten gleichsam gefangen. Daß das ursprünglich in der oberen Schicht durch Photosynthese vor allem von Mikroorganismen wie Kieselalgen gebundene CO_2 (Karbonat-Silikat-Kreislauf, biologische Pumpe) auf diese Weise der Atmosphäre entzogen blieb, trug zusätzlich zur globalen Abkühlung bei.

Wasserschichten und Vereisung

Galt das Augenmerk der Klimaforscher bis vor wenigen Jahren vornehmlich den warmen Wassermassen des Nordatlantikstroms als Quelle der Luftfeuchtigkeit, welche die Voraussetzung war für Schneefall und damit für die Vereisung der Arktis und des nördlichen Eurasien, so richtet sich ihr Blick seit kurzem zunehmend auf den subarktischen Pazifik. Dort nämlich führte, nimmt man an, die stabile Schichtung (Stratifikation) der Wassermassen zu größeren jahreszeitlichen Schwankungen der Oberflächentemperatur als in anderen Ozeanen: Wegen der mangelnden Durchmischung der Wasserschichten heizte, wie Messungen des ^{18}O-Wertes fossiler Ablagerungen von Foraminiferen bestätigten, die Sonnenstrahlung das Oberflächenwasser des Nordpazifik im Spätsommer beträchtlich auf, während es im Winter wieder stark abkühlte. (Heute liegen die Temperaturen im September bei +12 °C, im Februar bei +1 °C.) Damit aber war eine wichtige Voraussetzung auch für die Vergletscherung Nordamerikas gegeben, denn die Luft, die über dem warmen Pazifik Feuchtigkeit aufnahm, kühlte über dem dank seines Kontinentalklimas bereits wesentlich kälteren Kanada ausreichend ab, um nicht als Regen niederzugehen, sondern als Schnee. Wie im Nordatlantik sorgten also auch hier moderate Wassertemperaturen für Vereisung auf dem Lande.

Der Beitrag der Erdschiefe

Gewiß hatten die Milanković-Zyklen schon in früheren erdgeschichtlichen Epochen Schwankungen des Energiehaushalts und der Energieverteilung auf der Erde bewirkt, doch erst mit der Schließung des Isthmus von Panama zu Beginn des Pleistozäns kam es auf der Nordhalbkugel zu ausgedehnten Vergletscherungen.

Unmittelbarer Auslöser dafür waren also wohl die dadurch zusätzlich bewirkten Änderungen der globalen ozeanischen und atmosphärischen Strömungen in Verbindung mit der seit dem frühen Eozän (vor 36 Millionen Jahren) anhaltenden langfristigen Abkühlungstendenz. Diese wiederum gilt als unmittelbare Folge des erhöhten Verlustes atmosphärischen Kohlendioxids durch verstärkte Silikatverwitterung auf der einen sowie Versenkung organischer Karbonate auf der anderen Seite. Das aber heißt, daß die wichtigste Ursache für den Rückgang der Temperatur in der Auffaltung von Gebirgen wie des Tibetischen Plateaus, der Anden und der Rocky Mountains zu sehen ist und damit letztlich in dynamischen Prozessen innerhalb der Erdkruste.

Ist die Bildung des nördlichen Eisschildes also nicht allein auf die von Milanković beschriebenen astronomischen Einflüsse auf die Erdbahn zurückzuführen, so trugen sie doch entscheidend dazu bei, mußte es in hohen nördlichen Breiten während der Sommermonate doch kalt genug bleiben, um ein Schmelzen des Schnees auf den Landflächen zu verhindern. Dazu aber kam es, weil die zunehmende Neigung der Erdachse (Obliquität, Erdschiefe) vor 3,1 bis 2,5 Millionen Jahren die Sonneneinstrahlung vermindert und somit zu einer kühlen Phase innerhalb der Milanković-Zyklen von 41 000 Jahren geführt hatte.

Die Wechsel von Kalt- und Warmzeiten

Die Klimaschwankungen, die bereits im Pliozän eingesetzt hatten, verstärkten sich im Pleistozän, in dessen Verlauf Eis- und Zwischeneiszeiten weitgehend im Einklang mit den Milanković-Zyklen einander in rhythmischer Folge (Glazial-Interglazial-Zyklen) abwechselten.

Da in Eiszeiten Gletscherbewegungen stattfinden, klassifiziert man sie üblicherweise nach geographischen Orten, wo diese Bewegungen auf der Erdoberfläche deutliche Spuren hinterließen. Das hatte allerdings zur Folge, daß dieselben Warm- oder Kaltzeiten regional unterschiedliche Namen erhielten. So heißt die letzte Kaltzeit, die vor etwa 10 000 Jahren endete und ihre Bezeichnung dem Voralpen-Fluß Würm verdankt, für den Laien etwas verwirrend in Norddeutschland Weichsel-, in England Devensian-, in Nordamerika Wisconsin- und in Rußland Waldai-Kaltzeit.

Dauerten die Glazial-Interglazial-Zyklen der ersten 1,8 Millionen Jahre des Pleistozäns jeweils rund 41 000 Jahre, so umfaßten die Zyklen der darauf folgenden 700 000 Jahre – einschließlich der 10 000 bis 15 000 Jahre dauernden Zwischeneiszeiten – jeweils rund 100 000 Jahre.

Obwohl Kaltzeiten zusammen mit den dazwischen wiederholt auftretenden wärmeren Perioden ähnliche Grundmuster aufweisen, waren sie unterschiedlich stark ausgeprägt und gingen nicht immer mit weit nach Süden reichenden Vergletscherungen einher. Kaltzeiten ohne Vergletscherungen sind freilich nicht ganz leicht nachweisbar.

Den Komplex mit den größten Vergletscherungen gab es vor 480 000 bis 385 000 Jahren während der Mindel- oder Elster-Eiszeit, in deren Verlauf Nordamerika, Asien und Europa großflächig von stellenweise über drei Kilometer mächtigen Gletschern bedeckt waren. Aber auch in der Würm-Kaltzeit, die vor ungefähr 150 000 Jahren begann und vor etwa 10 000 Jahren endete, reichte die geschlossene Eisdecke in Eurasien von Norden her teilweise bis zum 50., in Nordamerika sogar bis zum 40. Breitengrad, während sich weiter südlich die Gletscher der Alpen und des Himalaya ausbreiteten.

Die Bindung gewaltiger Wassermassen im Eis der Gletscher führte stets zu einem entsprechenden Trockenfallen kontinentaler Schelfgebiete. So lag der Meeresspiegel zur Zeit des Hochglazials der letzten Eiszeit vor 25 000 Jahren etwa 130 Meter tiefer als heute. Viele Gebiete, die nun wieder unter Wasser liegen, waren damals trockenes Land, darunter der Ärmelkanal, die Dardanellen und die Bering-Straße sowie zahlreiche Meerengen zwischen Australien und Südostasien.

Obwohl die zyklische Wiederkehr und der Ablauf von Eiszeiten inzwischen recht genau beschrieben und eine Reihe der sie bestimmenden Faktoren bekannt sind, gibt es bislang keine hinreichende, allgemein anerkannte Erklärung für ihr Auftreten und Ende. Die Milanković-Zyklen dürften zwar als Auslöser gewirkt haben, erklären die Periodizität aber nicht vollständig. Ohne Zweifel hatten die Wechsel zwischen Kalt- und Warmzeiten jedoch wesentlichen Einfluß auf die Entwicklung und Ausbreitung der Lebewesen einschließlich des Menschen.

Ursprünge des menschlichen Denkens

Gegen Ende des Pliozäns, am Übergang zum Eiszeitalter, hatte die Evolution des Menschen mit dem Auftreten des *Homo habilis* eine Stufe erreicht, die ihm eine Sonderstellung unter den Lebewesen verschaffte. Durch den aufrechten Gang sparte er nämlich nicht nur Energie, sondern benötigte die vorderen Extremitäten auch nicht mehr zur Fortbewegung. Die Hände, die neben ihrer Funktion als Bewegungsorgane bereits bei den Affen nicht nur zur Ergreifung und Zurichtung von Nahrung, sondern auch schon zum Gebrauch technischer Hilfsmittel wie Steine oder Stöcke gedient hatten, waren nun völlig frei zum Gebrauch – auch für die Herstellung von Werkzeugen.

Dazu aber bedurfte der Werkzeugmacher außer der Fähigkeit, Sinneswahrnehmungen und Handlungen zu koordinieren, auch eines Vorstellungsvermögens von dem, was er herstellen wollte. Das aber heißt nichts weniger, als daß er sich zuerst ein inneres Bild davon machen mußte, nach welchem er dann dem Rohstoff die gewünschte Form gab. Das Anfertigen von Werkzeugen setzte also das voraus, was wir als Denken bezeichnen.

Daß die Vorfahren des *Homo habilis* unter dem Evolutionsdruck des klimatisch bedingten Wandels ihres Lebensraumes Ostafrika im Laufe des Pliozäns die Bipedie entwickelten, hatte weitreichende Konsequenzen. Physisch bedeutete dies erhebliche Modifikationen des Körperbaus, wobei die parallele Stellung der Fußzehen, die freien Hände, das kurze Gesicht, die Rückbildung der Reißzähne, das Gleichgewichtsorgan im Innenohr, die Steuerung des Gleichgewichts über den vestibulären Cortex im Gehirn, das Absinken des Kehlkopfes und die Vergrößerung des Gehirnvolumens nur einige der zahlreichen Um- und Neubildungen sind. All dies ging einher mit psychischen Neuerungen wie der Entwicklung der Sprache, des Denkens und des Bewußtseins bis hin zur Einschränkung der Bedeutung instinktgesteuerten Verhaltens zugunsten eines von kulturellen Normen geleiteten Handelns, ohne daß in diesem Prozeß der körperlichen wie geistigen Menschwerdung dem einen oder anderen Moment der Vorrang gebührte: In der Evolution ist das eine stets untrennbar mit dem anderen verknüpft.

Nackter Wanderer

Mit dem Erscheinen des *Homo erectus* – eines, wie sein Name sagt, völlig aufrecht gehenden Wesens – in der Zeit des Übergangs vom Plio- zum Pleistozän begann ein neuer Abschnitt der Menschheitsgeschichte, denn mit ihm verließen unsere Vorfahren erstmals ihren Ursprungskontinent Afrika.

Erstaunlicherweise tauchten Vertreter dieser Formengruppe bereits vor 1,75 Millionen Jahren nicht nur in Israel und Georgien auf, sondern breiteten sich um diese Zeit, wenn nicht noch früher, auch schon im Osten bis nach China und Indonesien und im Westen bis Spanien aus.

Wie lange es *Homo erectus* gab – ob er vor rund 200 000 Jahren oder womöglich erst vor 27 000 Jahren ausstarb – und wie seine durch Knochenfunde und Besiedelungsspuren belegten Vertreter innerhalb des menschlichen Stammbusches genau einzuordnen sind, darüber ist sich die Fachwelt uneins. Wie dem im Einzelfall auch sein mag: Ob *Homo ergaster* (griechisch: Arbeiter) als *Homo erectus* gelten kann oder nicht, ob der *Homo heidelbergensis* eine eigene Art ist oder besser *Homo erectus heidelbergensis* heißen sollte und ob das «Turkana Boy» getaufte, besterhaltene Skelett eines *Homo erectus* nicht doch eher als *Homo ergaster* zu klassifizieren ist: Fest steht, daß Funde wie die von Dmanisi (Georgien), Longgupo (Provinz Sichuan, China), Mojokerto (Insel Java, Indonesien) oder Orce (Provinz Granada, Spanien) zweifelsfrei belegen, daß sich *Homo erectus* im frühen Pleistozän nicht nur in Ostafrika, sondern auch über große Teile Eurasiens ausgebreitet hatte.

Als «Generalist» besaß *Homo erectus*, der die unterschiedlichsten geographischen Räume besiedelte, offenbar die Fähigkeit, in nahezu allen Klima- und Vegetationszonen zurechtzukommen. Ob Savanne, Wüste, Hochgebirge oder tropischer Regenwald: überall erwies sich seine Art als erfolgreich und lebenstüchtig, wobei eine wesentliche Rolle spielte, daß er sein Haarkleid verloren und Schweißdrüsen entwickelt hatte. Während nämlich bei anderen Säugetieren, die ihre Körpertemperatur über die Atmung regulieren, das Fell einem Wärmeverlust entgegenwirkt, vermag der Mensch durch die Absonderung von Schweiß, der zu fast 99 Prozent aus Wasser besteht und daher – anders als beim Pferd – nicht zu Eiweißverlust führt, am ganzen Körper Verdunstungskälte zu erzeugen, um Überhitzung zu verhindern. Damit blieb er selbst bei großer Hitze und körperlicher Anstrengung leistungsfähig.

War der Mensch also den meisten anderen Tieren in heißen Regionen überlegen, so war seine Nacktheit in kälteren Klimazonen mit ausgeprägten Jahreszeiten von Nachteil. Um auch dort überleben zu können, mußte er also als Ersatz für das verlorene Fell wärmende Kleidung erfinden, die anfangs gewiß aus dem Pelz anderer Säugetiere bestand. Dafür aber bedurfte es wiederum vorausschauenden Denkens.

Erste Seefahrer?

Daß *Homo erectus* Java – und wohl auch andere Inseln des Malayischen Archipels – besiedeln konnte, war möglich, weil der Wasserspiegel infolge der Vereisung der Nordhemisphäre vor rund 1,8 Millionen Jahren etwa 100 Meter tiefer lag als heute und dadurch eine Landbrücke von Bali bis Hinterindien bestand, die selbst Borneo einschloß. Die Meeresstraßen von Makassar und Lombok hingegen, die Borneo von Sulawesi und Bali von Lombok trennen, waren zu tief, um bei Kaltzeiten trockenzufallen, und bildeten daher eine für die Landlebewesen Asiens und Australiens unüberwindbare Barriere.

Diese nach Alfred R. Wallace (1823–1913), dem Begründer der Tiergeographie, genannte «Wallace-Linie» galt bis vor wenigen Jahren auch als für *Homo erectus* unüberwindbar – bis das Alter von Steinwerkzeugen, die im Jahre 1994 auf der östlich von Lombok gelegenen Insel Flores zwischen Knochen ausgestorbener Urelefanten gefundenen worden waren, mit rund 840 000 Jahre bestimmt wurde. Wenn diese Datierung richtig ist, müßte also bereits *Homo erectus* in der Lage gewesen sein, seetüchtige Fahrzeuge zu bauen, und damit technische und geistige Fähigkeiten besessen haben, die man ihm bislang nicht zugesprochen hatte.

Vor diesem Hintergrund könnten auch die Funde in Südspanien besondere Bedeutung gewinnen, stützen sie doch möglicherweise die Annahme, unsere Vorfahren könnten nicht, wie meist angenommen, nur über den Nahen Osten, sondern auch direkt über die Straße von Gibraltar, die sich vor 5,5 Millionen Jahren wieder geöffnet hatte, aus Afrika nach Westeuropa eingewandert sein.

Sollte *Homo erectus* tatsächlich Fahrzeuge – z. B. Flöße – gebaut haben, mit deren Hilfe sich kilometerbreite Meeresstraßen überqueren ließen, würde dies sowohl ein hohes Maß an sozialer Organisation als auch eine mehr als nur rudimentäre sprachliche Kommunikation voraussetzen, ohne die ein Zusammenwirken mehrerer Gruppenmitglieder an einem Werk, dem ein gemeinsamer Plan zugrunde liegt, kaum denkbar ist.

Sind wir Enkel der Neandertaler?

Fast anderthalb Jahrhunderte lang beschäftigte die Frage, ob wir Nachfahren der Neandertaler sind, nicht nur Anthropologen. Wie 1997 die Untersuchung des «genetischen Fingerabdrucks» eines der 1856 in Neandertal bei Düsseldorf gefundenen, auf ein Alter von 40 000 Jahren geschätzten Knochen ergab, sind *Homo sapiens*, der moderne Mensch, und *Homo neanderthalensis* zwei verschiedene Arten. Das Erbgut des Neandertalers, der sich vor rund 220 000 Jahren in Europa – vermutlich aus dem *Homo heidelbergensis* – entwickelte und vor etwa 27 000 Jahren auf ungeklärte Weise wieder verschwand, und das des modernen Menschen weisen, wie die DNS-Analyse zeigte, zu große Unterschiede auf, als daß eine direkte Verwandtschaft bestehen könnte. Der letzte gemeinsame Vorfahr beider Arten dürfte der molekularen Uhr zufolge vor ungefähr 600 000 Jahren in Afrika gelebt haben.

Damit scheint die «Out-of-Africa»-Hypothese bestätigt, daß sich *Homo sapiens*, der vor etwa 40 000 Jahren in Europa auftauchte, wo er noch ein paar tausend Jahre gleichzeitig mit dem Neandertaler lebte, vor rund 200 000 Jahren in Afrika aus dem *Homo erectus* oder einer weiteren Zwischenform entwickelte und von dort über die ganze Welt verbreitete.

Vom Faustkeil zur Nadel

Erst seit wenigen Jahrzehnten ist die Forschung dank neuer wissenschaftlicher Methoden in der Lage, nicht nur genaue Datierungen vorzunehmen, sondern auch Erkenntnisse über Lebensweise, Ernährung, Abstammung und Wanderungsbewegungen der Frühmenschen sowie über Klima, Umweltbedingungen und Vegetationsgeschichte der fernen Vergangenheit zu gewinnen.

Im Grunde wissen wir recht wenig über Lebensweise und Kultur der Menschen des Pleistozäns, das von den Anthropologen als Paläolithikum (Altsteinzeit) bezeichnet wird, weil unsere Kenntnisse über diese bei weitem längste Periode der Menschheitsgeschichte außer auf Knochenfunden bisher im wesentlichen auf Steinwerkzeugen beruhten. Mit Sicherheit bilden diese aber nur einen kleinen Teil der Gesamtheit der von den Frühmenschen benutzten und hergestellten Gegenstände. Nur ist von Dingen, die aus pflanzlichen und tierischen Materialien bestehen und daher dem Zerfall ausgesetzt sind, so gut wie nichts erhalten.

Die Steinwerkzeuge, deren sich die Menschen seit der Zeit des *Homo habilis* bedienten, wurden im Laufe der Zeit immer perfekter ihren vielfältigen Funktionen angepaßt. Hatte bereits *Homo erectus* kunstvoll behauene Faustkeile, Schaber und Äxte, so verfeinerte der diesen und den Neandertaler allmählich ablösende und möglicherweise verdrängende *Homo sapiens* die Techniken so, daß er gegen Ende der letzten Eiszeit, am Ausgang des Paläolithikums, über eine breite Palette von Hilfsmitteln aus Stein und Knochen verfügte – bis hin zu Sticheln, Pfeilspitzen, Nadeln und sogar aus mehreren Teilen zusammengesetzten Gerätschaften wie Sägen.

All diese Werkzeuge bildeten eine unentbehrliche Voraussetzung dafür, daß die Menschen der Altsteinzeit in Regionen vordringen und dort überleben konnten, an deren klimatische Verhältnisse sie nicht angepaßt waren. Sie bedienten sich ihrer gleichsam als Ersatz für Krallen und Reißzähne, mit denen Tiere an Nahrung kamen: Mit scharfkantigem Steinwerkzeug zerlegten sie Aas oder Beutetiere, auf deren Fleisch und Fett als Energielieferant sie zumal in kalten Zonen in hohem Maße angewiesen waren. Und um sich gegen Kälte zu schützen, häuteten sie mit Hilfe von Steinmessern die Kadaver für die Herstellung wärmender Pelzkleidung, für deren Zusammenfügung sie wiederum Nadeln benötigten. Insgesamt sind für die späte Altsteinzeit etwa zwanzig Werkzeugtypen mit – allein in Westeuropa – über 200 Varianten bekannt.

Gebrauch des Feuers

Nicht zuletzt dürften die Steinwerkzeuge außer zur Bearbeitung von Speeren und Wurfhölzern für die Jagd auch zum Zurechtschneiden von Zeltstangen und Zerkleinern von Brennmaterial gedient haben.

Seit wann die Menschen den kontrollierten Gebrauch des Feuers beherrschen, ist auch nicht annähernd genau feststellbar, denn Brandstellen aus früher Zeit, die von durch Menschen entfachtes und kontrolliertes Feuer verursacht wurden, sind von natürlichen kaum zu unterscheiden.

Die ältesten Fundplätze, die als Zeugnisse menschlicher Nutzung von Feuer in Betracht gezogen wurden, befinden sich in Swartkrans (Südafrika) und in Koobi Fora (Kenia). Sie wurden auf eine Zeit vor rund 1,8 respektive 1,6 Millionen Jahren datiert. Auf ein Alter von 790 000 Jahren wird eine Feuerstelle bei Gesher Benot Ya'aqov (Israel) geschätzt, welche die kontrollierte Nutzung von Feuer belegen könnte, während die bis zu 6 Meter dicken, zwischen 550 000 und 300 000 Jahre alten Ascheschichten der Ausgrabungsstätte des Pekingmenschen von Zhoukoudian bei Peking (China) nicht allgemein als Nachweis für den Gebrauch von Feuer anerkannt sind. Hingegen scheint die wohl 465 000 Jahre alte, von einem Ring aus Steinen eingefaßte Herdstelle in der Höhle von Ménez-Drégan bei Plouhinec an der bretonischen Küste (Frankreich) zweifelsfrei auf menschliche Nutzung zu deuten. Die bislang älteste in Deutschland gefundene Feuerstelle bei Bilzingsleben in Thüringen ist auf den Zeitraum vor 400 000 bis 350 000 Jahre datiert.

Dürften die Menschen anfangs nur durch Blitzschlag, Vulkanismus oder Fäulnisprozesse spontan entzündetes Feuer bewahrt und an ihre Lagerstätten gebracht haben, müssen sie im Laufe der Zeit gelernt haben, sowohl mit Hilfe von Hölzern durch Reibung als auch mittels Zunder durch beim Aneinanderschlagen von Feuersteinen erzeugte Funken selbst Feuer zu entfachen.

Hatten die Menschen erst einmal – vermutlich vor über einer halben Million Jahren – gelernt, Feuer zu erzeugen und zu zähmen, standen ihnen Nutzungsmöglichkeiten offen, die ihnen allen Tieren gegenüber entscheidende Vorteile verschafften.

In erster Linie diente das Feuer als Energiequelle. Damit war etwas in der Evolution völlig Neues geschehen: Zum ersten Mal gewannen Lebewesen Energie nicht nur im eigenen Körper aus Nahrung, sondern setzten darüber hinaus die in organischen Stoffen – allem voran zunächst natürlich im Holz – gespeicherte Sonnenenergie wieder frei und nutzten sie als Wärmespender, und dies auf doppelte Weise:

1. in Gestalt offenen Feuers als Schutz gegen Kälte und Feuchtigkeit, was nicht nur in höheren Breiten von Nutzen war, sondern auch auf Hochflächen und in Gebieten, in denen es zwar am Tage heiß, nachts jedoch empfindlich kalt werden kann, und
2. als Brennstoff zum Garen von Nahrung.

Damit wurde der kontrollierte Gebrauch des Feuers zu einer Schlüsseltechnik, die es den Menschen ermöglichte, selbst in Kaltzeiten unwirtliche und vegetationsarme Regionen zu besiedeln.

Feuer und Gemeinschaft

Über seine Funktion als körperfremde Energiequelle hinaus kam dem Feuer aber auch eine Schutzwirkung zu, denn Tiere haben natürlicherweise Angst vor Feuer.

Außer daß Lagerfeuer in kalten Nächten zugleich wärmten und Raubtiere fernhielten, hatten diese auch eine wichtige soziale Funktion: Hier versammelten sich die Mitglieder einer Horde, die bei Tage als Sammler und Jäger wohl häufig getrennte Wege gingen, zum Austausch von Erfahrungen und zur Planung künftiger gemeinsamer Unternehmungen.

Die Feuerstätten der Frühmenschen dürften daher von großer Bedeutung für den Zusammenhalt der Gemeinschaft wie für die Entwicklung der Sprache gewesen sein: Sie entwickelten sich zum Brennpunkt des sozialen Lebens, was sich bis heute in dem Wort «Focus» erhalten hat, wie im Lateinischen – von *foculare* (wärmen) – zunächst jede Feuerstätte hieß, dann aber vor allem die Feuerstätte des Hauses, den Herd, bezeichnete, um schließlich im übertragenen Sinne Haus und Hof, ja den gesamten Besitz einer Familie zu umfassen. Im religiösen Bereich bedeutete *focus* zudem Opferherd oder Brandaltar, womit deutlich wird, daß das Feuer und der von ihm aufsteigende Rauch überdies eine wichtige magisch-religiöse Rolle spielte für die Herstellung und Aufrechterhaltung der Beziehung zwischen Göttern und Menschen.

Feuer und Denken

Die Beherrschung des Feuers förderte, so steht zu vermuten, zusammen mit dem Werkzeuggebrauch indirekt auch die Sprechfähigkeit des Menschen, denn indem bereits die Zerteilung von Nahrung mit Hilfe von Steinmessern – und vielleicht auch schon das Mahlen von Körnern mit Mahlsteinen oder Mörsern – das Gebiß der Frühmenschen immer mehr entlastete, mußte er nun, da er

Nahrung garen konnte, auch nicht mehr so intensiv und kraftvoll kauen. Schon beim späten *Homo erectus* hatte daher die Kaumuskulatur nicht mehr in der Schädelmitte angesetzt, sondern im Schläfenbereich, und Schneide-, Eck- und Mahlzähne waren allmählich kleiner geworden. Das führte zu einer beständigen Rückbildung des Bettes der vorderen Zähne und damit zu einer Umbildung der nun weniger robusten Kiefer von einer U- zu einer annähernd parabolischen Form mit zunehmend geschlossenen Zahnreihen. Dies alles war ein äußerst komplexer Vorgang, in dessen Verlauf der Überaugenwulst, der noch das Gesicht der Neandertaler kennzeichnet, allmählich verschwand und sich das Kinn des *Homo sapiens* herausbildete.

Infolge der Entlastung der vorderen Regionen des Kopfes, der nun keine so kräftige Kaumuskulatur mehr benötigte, die bei den Hominoiden einen Großteil des Gesichts einnahm, wurde vor allem die Stirnregion (Präfrontalpartie) befreit, in die nun in dem Maße, in dem die mechanischen Belastungen abnahmen, das sich vergrößernde Gehirn vordrang. So kam es zu einer Vergrößerung der Hirnmasse, deren Volumen beim modernen *Homo sapiens* – nachdem das Volumen des Gehirns des *Homo erectus* zwischen 750 und 1250 Kubikzentimeter betragen hatten – bei etwa 1450 Kubikzentimetern liegt. Eine wesentlich darüber hinausgehende Vergrößerung des Schädel- und damit des Hirnvolumens scheint die Form des weiblichen Beckens nicht zu gestatten.

Daß ein größeres Gehirn nicht notwendigerweise auf höhere geistige Fähigkeiten schließen läßt, zeigt das Beispiel des Neandertalers, dessen Schädelkapazität sogar 1200 bis 1750 Kubikzentimeter betrug. Allerdings war sein Schädel im Vergleich zu dem des *Homo sapiens* im hinteren Teil vergrößert, während der vordere Bereich eng und niedrig blieb.

Der Vergrößerung eben dieser Präfrontalpartie und dadurch auch des direkt über den Augen liegenden Stirnlappens der Großhirnrinde, des präfrontalen Cortex, beim *Homo sapiens* kam entscheidende Bedeutung zu, handelt es sich dabei doch um eine Schlüsselregion außer für die Steuerung komplexer Bewegungen der Extremitäten – einschließlich der später für das Schreiben notwendigen Feinmotorik – auch für die Sprache und damit für Denk- und Abstraktionsvermögen sowie für Handlungs- und Zukunftsplanung. Manche Hirnforscher wollen im Frontallappen gar den «Sitz» des Ich-Bewußtseins sehen.

Licht ins Dunkel

Wenn menschliche Sprache auf der Fähigkeit beruht, unter Absehung von Teilaspekten und Individuellem Wesentliches und Typisches zu erfassen und mit Begriffen zu belegen, dann liegt dem letztlich dasselbe Abstraktionsvermögen zugrunde wie der bildlichen oder figürlichen Darstellung. Daher dürften auch Kunstwerke der Steinzeit – leider sind uns weder sprachliche noch musikalische Dokumente bekannt – über die geistige Entwicklung der Menschen der Urzeit Aufschluß geben.

Hatte man Neandertalern noch bis vor wenigen Jahrzehnten keine besonderen geistigen Fähigkeiten zugetraut, so ist diese Auffassung inzwischen durch eine auf ein Alter von mindestens 32 000 Jahren geschätzte Gesichtsmaske, die 1975 zwischen Tours und Saumur (Loire, Frankreich) in der Höhle von La Roche-Cotard gefunden wurde, in Frage gestellt: Das nur etwa 10 mal 10 Zentimeter große Stück Feuerstein, an dem ein 7,5 Zentimeter langer Knochensplitter so durch eine natürliche Öffnung gesteckt ist, daß dessen sichtbare Enden gleichsam als Augen erscheinen, erweckt unmittelbar den Eindruck eines Gesichtes. Daß es sich dabei keineswegs um ein Produkt des Zufalls handelt, beweist nicht nur die Verkeilung des Knochens, sondern zeigen auch die leichten Bearbeitungsspuren, durch die Stirn, Backen und Nase deutlich erkennbar gemacht und Symmetrie hergestellt wurde. Die Maske gilt daher gleichsam als Ur-Figurine auf dem Weg zur paläolithischen Kunst. Dabei wirkt diese Ur-Maske, die durch die Art ihrer Bearbeitung gewissermaßen den Übergang vom Steinwerkzeug zur Steinskulptur markiert, ganz modern, besitzt sie doch den Charakter eines «objet trouvé» wie in der Objektkunst der Moderne, die ebenfalls aus vorgefundenen, nicht oder nur wenig veränderten Gegenständen Kunstwerke macht.

Vor fast 32 000 Jahren, also ungefähr um die gleiche Zeit, als der Neandertaler an der Loire seine Maske schuf, malten Cro-Magnon-

Menschen, die frühesten Vertreter des *Homo sapiens* in Europa, im Süden Frankreichs in unmittelbarer Nähe der berühmten Naturbrücke über die Ardèche Tiere und Tiergruppen von unbeschreiblicher Schönheit an die Wände der Höhle Chauvet-Pont-d'Arc. Diese erst 1994 von Jean-Marie Chauvet entdeckten großflächigen Wandgemälde gelten nicht nur als die bisher ältesten, sondern zugleich als die bedeutendsten bekannten Höhlenmalereien überhaupt, zeugen sie doch von einem so hohen Abstraktionsvermögen und einer so ungeheuren Gestaltungskraft paläolithischer Künstler, daß man sie schon als «Michelangelos im Fellgewand» bezeichnet hat.

Die überwältigenden Tier-Darstellungen – von Wollnashörnern über Löwen, Mammuts, Pferde, Büffel, Bären, Rentiere, Auerochsen, Steinböcke, Hirsche und einem roten Panther bis zu einer eingravierten Eule – hätten nie geschaffen werden können, hätten die Menschen nicht das Feuer beherrscht, denn ohne die mit Tierfett gespeisten Lampen, die stundenlang Licht spenden konnten, wäre es unmöglich gewesen, an die Wände stockdunkler Karsthöhlen Bilder zu malen.

Ließe sich von der Gesichtsmaske von der Loire vielleicht noch behaupten, sie sei als «objet trouvé» kein wirklich eigenständiges «Werk», so gilt das für die Höhlenmalereien von der Ardèche nicht mehr: Hier waren Menschen am Werk, die – ohne den Gegenstand ihrer Malereien unmittelbar vor Augen zu haben – den Bildern und Ideen in ihren Hirnen mit ihren Händen in perfekter Technik eine künstlerische Realität verliehen, die der der Werke Kandinskys oder Picassos in nichts nachsteht.

Die Menschen der Eiszeit, die als Jäger und Sammler unter vermutlich schwierigen Bedingungen nicht nur zu überleben wußten, sondern darüber hinaus geistige Welten schufen, waren alles andere als das, als was man sie gemeinhin bezeichnet: primitiv. Sie standen keineswegs auf einer niedrigen Kultur- und Entwicklungsstufe, sondern waren die Begründer von Kultur und Zivilisation.

10 *Klima und Mensch im Holozän*

In diesem Kapitel erfahren Sie,
- warum Schmelzwasser erneut Vereisung bringen kann,
- worauf sich möglicherweise die biblische Geschichte von der Sintflut bezieht,
- wie Landwirtschaft zur Seßhaftigkeit und Seßhaftigkeit zur Staatenbildung beitrugen,
- was Ötzi mit den Pharaonen verbindet,
- weshalb langfristige Klimaprognosen grundsätzlich nicht sicher sind,
- wie Treibhaus- und Albedo-Effekt einander möglicherweise aufhoben.

Der Siegeszug des *Homo sapiens*

Daß der *Homo sapiens* des späten Pleistozäns dem heutigen Menschen körperlich wie geistig in nichts nachstand, ist leicht erklärlich, denn selbst bei einer Generationszeit von nur 20 Jahren verbänden uns mit den Jägern und Sammlern der Eiszeit lediglich 500 Generationen, während z. B. beim Sibirischen Steppenhuhn mit einer Generationszeit von maximal 1 Jahr im selben Zeitraum 10 000 und bei Kolibakterien *(Escherichia coli)*, die sich alle 20 Minuten reproduzieren, gar weit über 250 Millionen Generationen liegen. Eine Spanne von 10 000 Jahren ist für die Evolution des Menschen viel zu kurz, als daß er sich in dieser Zeit physisch wie psychisch hätte grundlegend verändern können.

Die Gründe dafür, daß *Homo sapiens* als einzige Spezies der Gattung *Homo* überlebt hat, sind umstritten. Vor allem das Verschwinden des Neandertalers, dessen Rückzug vor rund 35 000 Jahren begann, ist eines der größten Rätsel der Frühgeschichte, denn er war nicht nur körperlich robuster als *Homo sapiens*, sondern mit Sicherheit auch geistig den Schwierigkeiten eiszeitlicher Lebensbedingungen gewachsen. Für sein Aussterben dürfte eine Vielzahl von Faktoren verantwortlich sein, darunter wohl auch klimatische wie die extreme Kälteperiode vor rund 28 000 Jahren, in der die Vergletscherung den Lebensraum der Frühmenschen in Europa stark einengte.

Im Laufe dieser Kälteperiode der Würm-Eiszeit, der in Norddeutschland die Weichsel-Eiszeit entspricht, als der Meeresspiegel infolge der Vergletscherung etwa 130 Meter tiefer lag als heute, erfolgte die erste von mehreren Wanderungen asiatisch-mongolischer Stämme über die trockengefallene Bering-Straße von Sibirien in das nur teilweise vergletscherte Alaska, von wo aus diese in den folgenden Jahrtausenden ganz Nord- und Südamerika besiedelten. Damit hatte sich der Mensch, der Australien schon vor weit mehr als 50 000 Jahren erreicht hatte, über die ganze Welt ausgebreitet, wenn man von der vollständig vereisten Antarktis absieht.

Das Jüngere-Dryas-Ereignis

Nachdem vor etwa 18 000 Jahren die mittlere Temperatur der Erde, die heute 15 °C beträgt, mit 11 °C den niedrigsten Wert der Würm-Kaltzeit erreicht hatte, begann der Übergang in die jetzige Warmzeit.

Dieser Übergang erfolgte nicht gleichmäßig, sondern wurde zu Beginn der – nach der Charakterpflanze der arktischen Tundra, der *Dryas* (Silberwurz), genannten – Jüngeren Dryas (auch Jüngere Tundrenzeit, 12 700 bis 10 500 Jahre vor heute) abrupt durch einen Kälteeinbruch unterbrochen. Auslöser dieses «Jüngeren-Dryas-Ereignisses», das in großen Teilen der nördlichen Hemisphäre im Laufe von wenigen Jahrzehnten zu einem Temperatursturz von bis zu 10 °C führte, war der gängigen Hypothese zufolge ein Aussetzen – oder zumindest eine erhebliche Schwächung – des gerade erst wieder in Gang gekommenen Nordatlantikstromes, der Warmwasserheizung Europas.

Verursacht wurde die Unterbrechung des Nordatlantikstromes vermutlich durch riesige, beim Abschmelzen des Laurentischen Eisschildes entstandene Wassermassen, die in der durch das enorme Gewicht der Gletscher in die Erdkruste des nordamerikanischen

Kontinents gedrückten Senke einen gigantischen See gebildet hatten. War dessen Wasser anfangs nur nach Süden über das heutige Mississippi-Tal in die Karibik abgeflossen, weil der Abfluß nach Osten noch durch Gletscher blockiert war, so kam es, als auch diese schmolzen, zum Ausbruch gewaltiger Mengen Schmelzwassers über das Hudson-Tal sowie über die Großen Seen und das Tal des St.-Lorenz-Stromes durch die Labradorsee in den Nordatlantik. Dieser plötzliche Zufluß leichteren Frischwassers verringerte Salzgehalt und Dichte des Oberflächenwassers, was zur Folge hatte, daß die Nordatlantische Tiefenströmung stockte und die Durchmischung des Atlantikwassers weitgehend zum Erliegen kam.

Da durch die Abschwächung der thermohalinen Zirkulation, deren «Absinkzone» vermutlich weiter südlich lag als heute, die Zufuhr warmen, salzhaltigen Tropenwassers in den Nordatlantik unterblieb, kehrten in West- und Nordeuropa so lange eiszeitliche Verhältnisse zurück, bis die nordamerikanischen Eismassen abgeschmolzen und der Binnensee ausgelaufen war. Dann setzte die Tiefenwasserzirkulation und mit ihr die «Fernheizung» Europas erneut ein.

Wie Untersuchungen grönländischer Eisbohrkerne gezeigt haben, hat es immer wieder auch abrupte Klimawechsel mit einer Erwärmung um 5 bis 10 °C gegeben, von denen sich allein im Laufe der letzten Eiszeit 24 nachweisen lassen. Zu solchen nach ihren Entdeckern genannten Dansgaard-Oeschger-Ereignissen kam es offenbar regelmäßig im Abstand von rund 1500 Jahren auch während und am Ende früherer Kaltzeiten.

Derart rapide Klimawechsel hatten stets auch Veränderungen der Vegetation zur Folge, wobei kälteempfindliche von kälteunempfindlichen Pflanzenarten verdrängt wurden oder umgekehrt. Dies wirkte sich stets auch mit einer gewissen Verzögerung von 250 bis 400 Jahren auf den Kohlenstoffkreislauf aus, wobei der terrestrisch gespeicherte Kohlenstoff infolge verringerten Pflanzenwachstums bei kälteren Klimabedingungen abnahm.

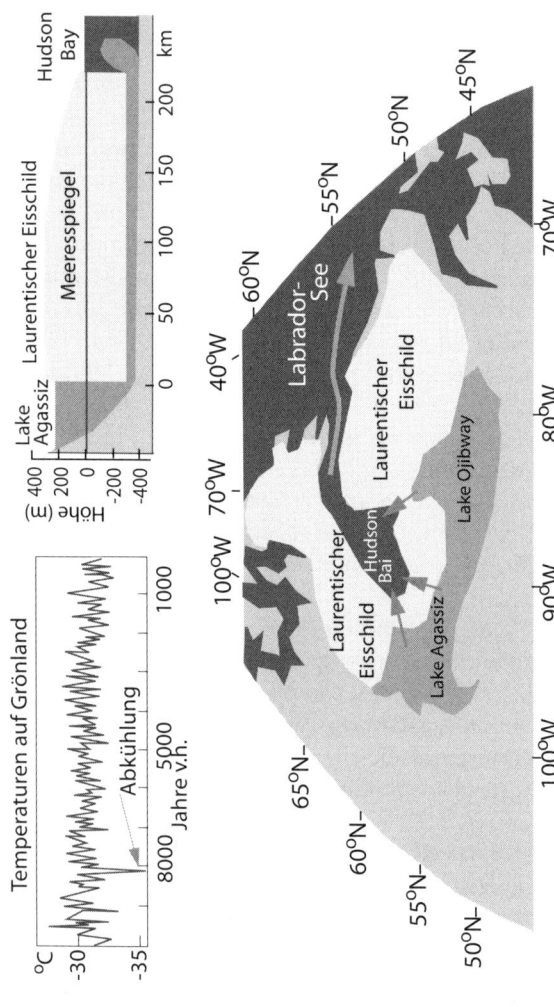

Abb. 5: Das 8200-v.-h.-Ereignis. Oben links: die auffällige Abkühlung um 5 °C nach Eisbohrkernmessungen auf Grönland; oben rechts: der Beginn des Abflusses über eine subglaziale Drainage; unten: Lake Agassiz und Lake Ojibway im Gebiet der heutigen Großen Seen und der Durchbruch durch den Laurentischen Eisschild.

Das holozäne Optimum

Mit dem Ende der Jüngeren Dryas und dem Beginn des Holozäns – von griechisch *hólos* (ganz) und *kainòs* (neu) – vor etwa 10 500 Jahren und dem Anstieg der globalen Durchschnittstemperatur auf Werte, die sogar 2 bis 2,5 °C über den heutigen lagen, begann die bisher wärmste Klimaperiode seit der letzten Eiszeit. Sie hielt rund 5000 Jahre an. Dieses sogenannte «holozäne Optimum» brachte folgenreiche Verschiebungen der Klima- und Vegetationszonen mit sich. So ließ das feuchtere Klima die in Kaltzeiten ausgedehnten Wüstengebiete in Afrika, auf der Arabischen Halbinsel und in Asien schrumpfen – Teile der Sahara wurden zur Savanne –, während die Waldgrenze um bis zu 400 Kilometer nach Norden vordrang. Die asiatischen Steppen verkleinerten sich, und der tropische Regenwald am Amazonas breitete sich wieder aus.

Das Abschmelzen der Gletscher hatte einen Anstieg des Meeresspiegels zu Folge, bis er mehr als einen Meter über dem heutigen lag, was die Landflächen reduzierte und zu ausgedehnten Überflutungen tieferliegender Gebiete führte. Daher öffnete sich die Bering-Straße wieder, was die Einwanderung nach Amerika beendete, und durch die sogenannte Flandrische Transgression wurden in Westeuropa England und Irland ebenso wieder zu Inseln wie in Ostasien Hainan, Taiwan und Japan. Der biblische Mythos von der Sintflut könnte hier seinen geschichtlichen Ursprung haben.

Unterbrochen wurde das holozäne Optimum in seiner Anfangsphase vor rund 8200 Jahren durch ein erneutes Schmelzwasser-Ereignis ähnlich dem der Jüngeren Dryas, als sich die nordamerikanischen Seen Agassiz und Ojibway, die gut doppelt soviel Wasser enthielten wie das Kaspische Meer heute, über das Hudson-Tal plötzlich in die Labradorsee ergossen. Dies führte erneut zu einer vorübergehenden Abschwächung der thermohalinen Zirkulation und damit zu einem Temperatursturz, der allerdings nur etwa 200 Jahre anhielt.

Die Neolithische Revolution

Mit dem Verschwinden der Steppentundra und dem Tod der Riesensäuger wie Mammuts, Wollnashörner, Mastodons und Höhlenlöwen am Ende der Eiszeit war auch das Ende der altsteinzeitlichen Jäger und Sammler Europas gekommen, die so großartige Zeugnisse ihrer Kultur hinterließen wie die Höhlenmalereien von Chauvet, Altamira oder Lascaux. Indem sie vermutlich durch Überjagung zur Ausrottung dieser Tiere, deren Populationen durch den Klimawandel bereits geschwächt gewesen sein könnten, zumindest beitrugen, beraubten sie sich selbst wichtiger Nahrungsquellen und waren daher auf neue Nutzungsmöglichkeiten von Tieren und Pflanzen angewiesen.

Klimatisch besonders begünstigt war im frühen Holozän zunächst allerdings jenes als «Fruchtbarer Halbmond» bezeichnete Gebiet, das sich von Palästina über den Libanon, Syrien, Mesopotamien und die Türkei bis nach Persien erstreckt. Allem Anschein nach hatte die Trockenheit der vorhergehenden Kaltzeit bereits Angehörige der Natuf-Kultur in Palästina zu einer Art Vorratswirtschaft veranlaßt. Und wie die Überreste einer jungsteinzeitlichen (neolithischen) Siedlung bei Abu Hureyra am Oberlauf des Euphrat in Syrien dokumentieren, gaben die Menschen im Zweistromland schon im frühen Holozän, als die Erwärmung zu verstärkten Niederschlägen führte, allmählich ihr nomadisierendes Wildbeuter-Dasein auf. Im Laufe dieser sogenannten Neolithischen Revolution wurden sie zu seßhaften Viehzüchtern und Ackerbauern, die schon bald zur Steigerung der Erträge landwirtschaftliche Geräte und Bewässerungstechniken erfanden.

Vom Fruchtbaren Halbmond aus breitete sich die seßhafte Lebensform sowohl in den südwest- und südasiatischen Raum einschließlich Indiens als auch nach Süd-, Mittel- und Westeuropa und schließlich bis in das nun nicht mehr eisbedeckte Skandinavien aus. Die Tatsache, daß in China die Neolithische Revolution ebenfalls am Beginn des Holozäns im Gebiet des Gelben Flusses (Huang He) einsetzte, legt die Annahme nahe, daß es sich hierbei – wie bei der Kultivierung von Pflanzen in Amerika – um eine eigenständige, von dem Geschehen im Nahen Osten unabhängige Entwicklung handelte.

Auch wenn während der ersten Jahrtausende nach der Neolithischen Revolution der Einfluß menschlicher Aktivitäten auf das Klima schon deshalb schwer nachweisbar ist, weil die Zahl der Menschen noch zu klein war, als daß ihr Tun sich global hätte auswirken können, markiert der Beginn der landwirtschaftlichen Produktion einen klimageschichtlichen Wendepunkt: Von nun an beeinflußte nicht mehr nur die Umwelt die Evolution des Menschen, sondern auch der planmäßig handelnde Mensch bewirkte durch sein Eingreifen Veränderungen und wurde damit selbst zum Klimafaktor.

Von der Horde zur Gesellschaft

Durch den Anbau von Feldfrüchten wurde es möglich, nicht nur Vorgefundenes zu konsumieren, sondern darüber hinaus Überschüsse zu produzieren und Vorräte anzulegen, sodaß es über die Ernährung der Landwirtschaft betreibenden Menschen hinaus bald zur Versorgung der Bewohner größerer Dörfer und schließlich von Städten reichte: Nicht zufällig liegen die ältesten Fundstätten dauerhafter Siedlungen in der Nähe von Bergketten, wo Wild-Weizen und -Gerste gediehen und wo zugleich entweder die für regenabhängigen Ackerbau notwendigen Niederschlagsmengen von mindestens 300 Millimetern pro Jahr fielen oder wenigstens Bewässerung durch Überflutung möglich war. Dies gilt auch für Jericho am Jordan, dessen Mauern vor etwa 9000 Jahren erbaut worden sein sollen und das als älteste Stadt der Welt gilt.

Indem nicht mehr sämtliche Mitglieder einer Gemeinschaft für Nahrung sorgen mußten, wurden auch für andere Tätigkeiten Arbeitskräfte frei. Der Mensch, der sich am Anfang seines evolutionären Sonderweges als Generalist ausgezeichnet hatte, konnte nun in der Gemeinschaft durch Arbeitsteilung bestimmte Aufgaben Spezialisten übertragen, die dank ihrer erhöhten Stirn und ihres dadurch vergrößerten Gehirns besondere Fertigkeiten entwickelten, die sie mit Hilfe der Sprache als Erfahrungen und Kenntnisse an andere weitergaben. Neben der biologisch-genetischen Vererbung gewann so die sprachlich-kulturelle Überlieferung immer mehr an Bedeutung.

Gewiß hatte die mündliche Weitergabe von Erfahrung und Können schon im Leben der Eiszeitmenschen eine entscheidende Rolle gespielt, doch waren die Anforderungen an die Mitglieder einer Horde nomadisierender Jäger und Sammler, deren Überleben wesentlich von der Versorgung mit tierischem Fett und Eiweiß sowie von Wildpflanzen abhing, wesentlich anders als an die von Gemeinschaften, deren Lebensgrundlage Tier- und Pflanzenzucht sowie die Bewirtschaftung des Bodens war. Hier bedurfte es um vieles komplexerer Organisationsformen, bei denen es weniger auf die Vielseitigkeit des Einzelnen ankam als auf die Erfüllung spezieller, nicht unmittelbar produktiver Aufgaben bis hin zu Handel und Verwaltung. Schließlich entstanden vor rund 5000 Jahren mit den ersten Stadtstaaten Gesellschaften, die gleichsam eigene, von den ihnen angehörenden Individuen weitgehend unabhängige soziale Organismen darstellten, deren Bestand und Funktionieren auf kulturellen Normen gründeten: den Anfängen staatlichen Rechts.

Gletschermann und Trockenheit

Als die erste – und zugleich wärmste – Phase des holozänen Klima-Optimums vor etwa 5500 Jahren zu Ende ging, setzte eine plötzliche Abkühlung ein mit weitreichenden Konsequenzen für Natur und Mensch.

Zeugnis für diesen erneuten Klimawandel ist «Ötzi», der Gletschermann, der am 19. September 1991 auf 3210 Meter Höhe in der Nähe des Tisenjochs in den Ötztaler Alpen gefunden wurde und, wie mehrere Untersuchungen von Gewebeproben nach der auf dem Zerfall des radioaktiven Kohlenstoff-Isotops ^{14}C basierenden Radiokarbon-Methode ergaben, zwischen 3350 und 3100 v. Chr. gelebt haben muß: Der Körper des vermutlich an den Folgen eines Pfeilschusses gestorbenen Mannes – wie eine Röntgenaufnahme ergab, steckt noch immer eine Pfeilspitze aus Feuerstein in seiner Schulter – blieb nur deshalb über 5000 Jahre vor der Verwesung bewahrt, weil er offenbar schon bald nach seinem Tod von Schnee und Eis bedeckt wurde und sich über ihm ein Gletscher bildete, auf dessen Boden die tiefgefrorene, durch eine Felsmulde geschützte Leiche unbeschädigt Jahrtausende erhalten blieb.

Führte der abrupte Kälteeinbruch in nördlichen Breiten zu Vereisungen, so beendete er in südlicheren Gebieten jenes niederschlagsreiche Klima, das die Sahara hatte grün werden lassen und im Fruchtbaren Halbmond die Voraussetzung für Ackerbau geschaffen hatte. Indem die mittelholozäne Regenzeit in Mesopotamien, auf der Arabischen Halbinsel und in Nordafrika von einem Prozeß der Austrocknung abgelöst wurde, verschlechterten sich die Bedingungen für Regenfeldbau, so daß man dazu überging, Flußwasser auf die Felder zu leiten. Bau und Instandhaltung der mit der Zeit immer ausgeklügelteren Bewässerungsanlagen erforderten ein hohes Maß an Koordination und Organisation, was im südlichen Zweistromland mit Sumer – der Name kommt aus dem Akkadischen und bedeutet «Kulturland» – das erste Stadtstaatensystem mit einer zentralen Regierungsgewalt und damit das erste Großreich entstehen ließ.

Während jedoch die infolge der zunehmenden Trockenheit intensivierte Bewässerung die Versalzung des Bodens und damit einen Rückgang der landwirtschaftlichen Erträge mit sich brachte, was schließlich zum Niedergang der Kultur Mesopotamiens führte,

---

Altersbestimmung mit Hilfe der Radiokarbon-Methode

1947 entwickelte der amerikanische Chemiker Willard F. Libby (1908–1980) die Radiokarbon-Methode zur Altersbestimmung kohlenstoffhaltiger organischer Stoffe. Sie beruht darauf, daß das radioaktive Kohlenstoffisotop ^{14}C wieder in das Stickstoffisotop ^{14}N zerfällt, aus dem es in den oberen Schichten der Atmosphäre unter den Einfluß kosmischer Strahlung erzeugt worden war.

Da an Stoffwechselprozessen alle Isotope eines Elements gleichermaßen beteiligt sind, ist das Verhältnis zwischen stabilen ^{12}C- und instabilen, aus dem Kohlendioxid der Luft stammenden ^{14}C-Isotopen also in der Atmosphäre und in allen lebenden Organismen gleich, nämlich $10^{12}:1$, das heißt, auf eine Billion ^{12}C-Atome kommt ein ^{14}C-Atom. Weil nun das radioaktive Isotop beim Tod des Organismus mit einer Halbwertszeit von 5730 Jahren zerfällt, läßt sich aus dem zum Zeitpunkt der Messung noch vorhandenen Rest nach der ^{14}C- oder Radiokarbon-Methode zuverlässig das Alter von bis zu etwa 50 000 Jahre altem Material bestimmen.

blieb Ägypten von dieser Entwicklung verschont, denn hier wirkten die jährlichen Überschwemmungen des Nils einer Versalzung entgegen. Daß sich die Bevölkerung der Sahara wegen der plötzlichen Austrocknung ihres weiten Lebensraums ins fruchtbare Niltal flüchtete, hat vermutlich zur Entstehung der Pharaonenkultur um 3100 v. Chr. beigetragen.

Klimawandel und Kulturentwicklung

Ein Zusammenhang zwischen dem Wechsel von wärmeren (Optimum) und kälteren (Pessimum) Klimaperioden wie auch niederschlagsreicheren und niederschlagsärmeren Zeiten und der Entwicklung von Zivilisationen, wie er im Fruchtbaren Halbmond und im Alten Ägypten erkennbar ist, hat es wohl auch im weiteren Verlauf des Holozäns gegeben. Dabei war das Klima stets nur ein – wenngleich wichtiger – Faktor unter vielen. Hinzu kommt, daß die Temperaturschwankungen in den verschiedenen Regionen der Erde nicht nur unterschiedlich sind, sondern sich zum Teil auch völlig anders auswirken, sodaß die komplexen Beziehungen zwischen Klima und Kultur nicht generalisierend darstellbar sind. Aus diesem Grund dürfte es auch keine einfachen – und schon gar keine monokausalen – Zusammenhänge zwischen klimatischen und kulturhistorischen Entwicklungen geben.

Die ungefähren Zeitspannen, in denen es in den letzten 5000 Jahren in Europa und im Raum des Nordatlantiks größere Optima und Pessima gab, sind:
- 3500–2000 v. Chr.: «Pessimum der Bronzezeit»
- 400 v. Chr.–200 n. Chr.: «Römisches Optimum»
- 300–600: «Pessimum der Völkerwanderungszeit»
- 800–1400: «Mittelalterliches Optimum»
- 1500–1850: «Kleine Eiszeit»
- seit ca. 1850: «Modernes Optimum».

Bedenkt man, daß während der Optima der zweiten Hälfte des Holozäns die globale Temperatur in der Regel nur bis 1,5 °C wärmer, während der Pessima hingegen nur bis 1,5 °C kälter war als heute, wird einerseits deutlich, wie erstaunlich stabil das Klima in der gesamten gegenwärtigen Warmzeit war, und andererseits, wie schwerwiegend sich selbst geringe Klimaschwankungen auf die Lebensbedingungen der Menschen und damit auf die Kultur auswirken können.

Klima und Geschichte

Auch wenn Klimafaktoren allein historische Entwicklungen nicht hinreichend erklären können, hatten nicht nur Klima-, sondern sogar einmalige Wetterereignisse immer wieder Auswirkungen auf die Geschichte von Völkern und Kulturen. Dazu einige Beispiele:
- Daß Hannibal bei der Überschreitung der Alpen gegen Ende des Jahres 218 v. Chr., obwohl er fast die Hälfte seiner Soldaten verlor, keinen einzigen seiner 37, an das warme Klima der afrikanischen Savanne angepaßten Elefanten einbüßte, war gewiß wesentlich dem Umstand zu verdanken, daß Alpenpässe während des Römischen Optimums auch im Winter passierbar blieben.
- Mißernten und Verlust von Weideflächen, verursacht durch langanhaltende Dürre- oder Regenperioden, brachten wiederholt Wanderungsbewegungen ganzer Stämme und Völker in Gang. So führte die Austrocknung der mongolischen Steppe, die Anfang des 4. Jahrhunderts einsetzte und Auslöser für die Eroberungszüge nomadischer Völker sowohl nach Südosten als auch nach Südwesten und Westen war, zu Krisen auf dem gesamten eurasischen Kontinent: Der Einbruch von Steppenvölkern in das seit dem Ende der Han-Zeit 220 n. Chr. ohnehin bereits zerfallene und großenteils im Chaos versunkene Reich der Mitte führte in Nordchina zu schweren Zerstörungen und weitgehender Entvölkerung, während zunächst die Chioniten und dann die Hephaliten (Rote und Weiße Hunnen) über Baktrien erst in Persien und dann in Indien einfielen, wo sie das Gupta-Reich zerstörten. Noch schwerwiegendere Folgen jedoch hatte der Sturm der Schwarzen Hunnen durch Südrußland in die Donauebene und weiter über Ungarn bis Frankreich. Die germanischen Völker, deren Wanderungen bereits im frühen 2. Jahrhundert eingesetzt hatten, wurden dadurch nach Südwesten gedrängt, was schließlich den Untergang des weströmischen Reiches besiegelte.

- Bereits um 875, in der Anfangsphase des Mittelalterlichen Optimums, erreichten die Wikinger Grönland, wo sie zwischen 982 und 1500 siedelten und von wo aus Leif Eriksson um das Jahr 1000 Nordamerika entdeckte.
- Um 1500 kam es mit der Kleinen Eiszeit zu einer merklichen Abkühlung, die mit feuchten, kühlen Sommern und langen, schneereichen Wintern nicht nur die Gletscher der Alpen wieder kräftig wachsen ließ, sondern in Mitteleuropa und England immer wieder zu Mißernten und zu Hungersnöten und – in deren Folge – zu wiederholten Auswanderungswellen in die Neue Welt führte. Festgehalten haben die holländischen Meister des 17. Jahrhunderts diese klimatischen Verhältnisse in ihren Bildern von Schlittschuhläufern auf vereisten Gewässern.

Die Historische Klimatologie

In der Paläoklimatologie werden weit zurückliegende globale Klimawechsel mit Hilfe sogenannter Proxy-(Stellvertreter-)Daten oft indirekt rekonstruierbar. Dabei werden sie durch das Zusammenwirken geologischer, physikalischer und astronomischer Faktoren wie Plattentektonik, Albedo-Effekt und Milanković-Zyklen sowie davon beeinflußte Vorgänge in der Hydro-, Atmo-, Kryo-, Litho- und Biosphäre erklärt. Demgegenüber stößt die Historische Klimatologie bei der Suche nach den Ursachen für die Klimaschwankungen der jüngeren Vergangenheit auf erhebliche Schwierigkeiten.

Dies liegt daran, daß terrestrische (z. B. Kontinentaldrift) und extraterrestrische (z. B. Erdbahnparameter) Vorgänge in erdgeschichtlich kurzen Zeiträumen, wie das Holozän es ist, meist keine tiefgreifenden Veränderungen bewirken. Hinzu kommt, daß die Fülle der Daten um so größer wird, je mehr man sich der Gegenwart nähert, und daß diese ihres regionalen Bezuges und oft regellosen Charakters wegen nur schwer, ja oft gar keine Gesetzmäßigkeiten erkennen lassen.

Anders als die Paläoklimatologie stützt sich die Historische Klimatologie außer auf natürliche Quellen wie Bohrkerne aus dem Eis von Gletschern, feingeschichtete Sedimente von Meeres- und Seeböden, Jahresringe von Bäumen (Dendrochronologie) und Korallen oder mit Hilfe der Radiokarbon-Methode gewonnene Daten auch auf vom Menschen beeinflußte, verursachte und geschaffene (anthropogene) Quellen wie Höhlenmalereien in der Sahara (ca. 6000 v. Chr.), Berichte über Nilfluten (bis 3000 v. Chr.), Aufzeichnungen über den Beginn der Kirschblüte in Japan (ab 812 n. Chr.) sowie – aus jüngerer Zeit – Witterungstagebücher, Chroniken kirchlicher und weltlicher Institutionen, ja selbst Gemälde und Zeichnungen. Aus der potentiell unbegrenzten Menge von Informationen, die über Wetter und Klima der Vergangenheit Aufschluß geben, versucht die Forschung mit Hilfe statistischer Methoden und Modellrechnungen langfristige Trends und regelmäßige Schwankungen herauszulesen mit dem Ziel, Ursachen und Systematik von Klimaänderungen zu erkennen, die Aufschluß über künftige Entwicklungen geben können.

Erschwert werden diese Bemühungen durch plötzliche, sprunghafte Klimawechsel und Wetterumschwünge, die entweder von einzelnen Ereignissen wie Vulkanausbrüchen oder Waldbränden verursacht wurden und somit erklärbar sind, oder völlig unerklärlich und somit rein zufällig zu sein scheinen – und es möglicherweise auch sind. Während sich erstere in der Regel jedoch nur kurzfristig auf das Wettergeschehen auswirken, spielen zufallsabhängige (stochastische) Schwankungen für die Entwicklung des Klimas eine so große Rolle, daß sie regelmäßige Klimaverläufe meist so stark überlagern, daß sich für kurze bis mittlere Zeiträume keinerlei Regelmäßigkeiten erkennen lassen.

Klima als nichtlineares System

Obwohl die Temperatur trotz einander unregelmäßig abwechselnder Optima und Pessima während der letzten 10 000 Jahre mit einem Mittelwert von 15 °C erstaunlich stabil war, ist für die erste Hälfte des Pleistozäns eine leichte Erwärmung, für die zweite hingegen eine allmähliche Abkühlung festzustellen. Geht man davon aus, daß die gegenwärtige Warmzeit – in Fortsetzung der periodischen Wechsel von Kalt- und Warmzeiten des Pleistozäns – nichts anderes ist als eine Zwischeneiszeit, könnte die Trendwende vor 5000 Jahren den Beginn des Weges in eine neue Eiszeit markiert haben.

Für kurzfristige Klimaschwankungen wie das sogenannte Maunder-Minimum zwischen 1675 und 1700 wird als mögliche Ursache häufig die sich periodisch verändernde Sonneneinstrahlung verantwortlich gemacht. Wie Satellitenmessungen ergaben, dürfte die Schwankung der Strahlungsintensität jedoch zu gering sein, um das Klima stark zu beeinflussen. Zudem sind die Sonnenzyklen von 11 und 80 Jahren so kurz, daß sich ihre Wirkung selbst aufhöbe. Ebensowenig läßt sich nachweisen, daß Änderungen des Magnetfeldes der Erde, wie oft behauptet, Einfluß auf das Klima haben.

Die Annahme, für jede Klimaänderung müsse es zureichende Gründe geben, geht davon aus, daß es sich beim Klima um ein lineares System handelt, bei dem exakt gleiche Ursachen immer exakt gleiche Wirkungen haben, die Wirkung eines Faktors also stets proportional zu seiner Stärke ist – woran sich auch dann grundsätzlich nichts ändert, wenn verschiedene Faktoren zusammenwirken und/oder einander überlagern (Additivitäts- und Superpositionsprinzip).

Während sich in einem linearen System, wenn sämtliche Einflußgrößen bekannt sind, das Verhalten des Gesamtsystems berechnen läßt, ist in nichtlinearen Systemen, in denen weder das Additivitätsnoch das Superpositionsprinzip gilt, die Wirkung eines Faktors jedoch nicht notwendigerweise proportional zu seiner Stärke. Somit können winzige quantitative Änderungen, wie Edward N. Lorenz 1963 bei der Computersimulation meteorologischer Abläufe am Massachusetts Institute of Technology feststellte, gewaltige unvorhersehbare Folgen haben – bis hin zu einer qualitativ veränderten Dynamik des Gesamtsystems: Der Flügelschlag eines Schmetterlings in Peking könnte, wie er es bildlich ausdrückte, einen Wirbelsturm in New York auslösen.

Lorenz' «Schmetterlings-Effekt» stellt nicht nur den Wert langfristiger Wetterprognosen in Frage, sondern prinzipiell die Berechenbarkeit komplexer Systeme, deren Abläufe zwar physikalischen Gesetzmäßigkeiten unterliegen, infolge der unvorhersehbaren, exponentiell gesteigerten Wirkung einzelner Faktoren und durch Rückkoppelungseffekte, bei denen der neue Zustand auf das System selbst – positiv (verstärkend) oder negativ (abschwächend) – zurückwirkt, letztlich aber zu unstetigem, chaotischem Verhalten führt.

Klimafaktor Mensch

In nichtlinearen, dynamischen Systemen, die in der Chaostheorie auch als «deterministisches Chaos» bezeichnet werden, gilt das Kausalprinzip der klassischen Physik und Logik nicht uneingeschränkt. Deshalb sind über deren Verhalten – zumal für längere Zeiträume – grundsätzlich keine sicheren Prognosen möglich, sondern lediglich Voraussagen mit mehr oder weniger großer Wahrscheinlichkeit. In besonderem Maße gilt dies für Prozesse, bei denen mehrere chaotische Systeme zusammenwirken.

An der Klimaentwicklung bis ins Holozän waren ausschließlich nichtlineare Systeme aus Bereichen beteiligt, mit denen sich traditionell die Naturwissenschaften beschäftigen. Seit dem Auftreten des zu vorausschauendem Planen und Handeln fähigen *Homo sapiens* kamen dagegen nichtlineare Systeme hinzu, die gewöhnlich den Kultur-, Gesellschafts- und Wirtschaftswissenschaften zugerechnet werden.

Der Mensch, der seine Menschwerdung dem aufrechten Gang – und damit letztlich dem Klimawandel in Afrika während des Pliozäns – verdankt, wurde im Laufe des Holozäns selbst zum Klimafaktor. Die entscheidende Rolle dabei spielte das Gehirn, das als physisch wie psychisch nichtlineares System in positiver Rückkoppelung mit den ebenfalls nichtlinearen Systemen von Sprache(n) und Gesellschaft(en) gleichsam zum Motor wurde für die Umgestaltung der Erde nach den Bedürfnissen und Vorstellungen der Menschen.

Mensch und Methan

Nachzuweisen, ob – und wenn ja in welchem Maße – Menschen bereits vor der Mitte des 19. Jahrhunderts das Klima beeinflußten, ist schwierig. Bis vor kurzem war man allgemein davon ausgegangen, daß der anthropogene Einfluß eher gering war. In jüngster Zeit gelangt man jedoch zunehmend zu der Erkenntnis, daß sich die Aktivitäten der Menschen schon früh auf das Klima ausgewirkt haben müssen.

Wie die Analyse von kleinen, in bis zu 2000 Jahre altem Eis aus Bohrkernen vom Law Dome in der Antarktis eingeschlossenen

Gasblasen ergab, hat der Mensch schon vor weit über tausend Jahren zur Erhöhung der Konzentration des Spurengases Methan in der Atmosphäre beigetragen: Sein Anteil stieg, wie die Untersuchungen zeigten, im ersten Jahrtausend nach Christus um 2 Prozent, sank in den folgenden 700 Jahren aber wieder um den gleichen Wert, um sich dann von Mitte des 18. bis Ende des 20. Jahrhunderts von 800 ppb (part per billion = Teile pro Milliarde) auf 1750 ppb mehr als zu verdoppeln.

Methan (CH_4) war in vorindustrieller Zeit auf zwei Wegen in die Atmosphäre gelangt: entweder durch anaerobe – unter Ausschluß von Sauerstoff ablaufende – bakterielle Zersetzung organischer Stoffe in Sumpfgebieten, Reisfeldern, Rindermägen und Termitenbauten oder durch Brandrodung.

Anhand der Kohlenstoffisotope läßt sich feststellen, aus welcher Quelle Methan stammt. So konnte man zeigen, daß die Zunahme des nach Kohlendioxid wichtigsten Treibhausgases im wesentlichen durch Brandrodung von Wäldern und Grasland verursacht wurde. Da die Wälder Europas und Asiens aber größtenteils bereits vor der Zeitenwende gerodet waren, dürfte der Anstieg des Methananteils im ersten Jahrtausend weitgehend auf Brandrodungen in Nord- und Südamerika zurückzuführen sein. Der starke Rückgang des Methaneintrags im 16. Jahrhundert ist dadurch zu erklären, daß damals fast 90 Prozent der Bevölkerung der Neuen Welt an aus Europa eingeschleppten Krankheiten starben und daher keine zusätzlichen Flächen für die Landwirtschaft urbar gemacht wurden.

Umgekehrt besteht ein unmittelbarer Zusammenhang zwischen dem Anstieg der Methankonzentration und der erhöhten Nahrungsmittelproduktion infolge der – nicht zuletzt auf die Senkung der Sterblichkeit durch die Einführung eines modernen Medizinsystems zurückzuführenden – Bevölkerungsexplosion im Europa des 18. und 19. Jahrhunderts: Die Weltbevölkerung stieg allein zwischen 1750 und 1850 von knapp 800 Millionen auf rund 1,3 Milliarden.

Vegetation und Albedo

Aber nicht nur über die Freisetzung des Treibhausgases Methan durch gezielten, kontrollierten Einsatz von Feuer bei der Urbarmachung des Landes sowie durch Viehzucht und Reisanbau, sondern auch durch Veränderungen der Erdoberfläche beeinflußte der Mensch schon in frühen Zeiten das Klima.

Während in niederschlagsarmen Regionen große Flächen bewässert und bepflanzt wurden, am Ende aber allzu oft versalzten und verödeten, brachte die Besiedlung niederschlagsreicher Gegenden stets die Zerstörung der natürlichen Wälder durch den Einschlag von Brenn- und Bauholz sowie durch Schaffung immer mehr freier Flächen für Ackerbau und Weidewirtschaft mit sich. Das Vieh tat ein übriges durch den Verbiß des Jungwuchses, wobei vor allem Ziegen, die selbst auf steilen Felsen klettern können, oft erhebliche Schäden anrichteten.

Besonders schwerwiegende Folgen hatte im Mittelmeerraum der Schiffbau, der seit der Frühzeit der Seefahrt vom Libanon über Griechenland, Dalmatien, Nordafrika und Sizilien bis Spanien zur Abholzung ganzer Landstriche durch Griechen und Phönizier und später vor allem durch die Römer führte. Die Folgen waren nicht nur umfassende Wechsel der Vegetation, sondern zusätzlich durch Viehtritt deren Zerstörung und schließlich eine Verkarstung der entblößten, ungeschützt der Erosion durch Wind und Wasser ausgesetzten Böden.

Angetrieben wurde diese Entwicklung nicht allein durch die Erfordernisse der Landwirtschaft, sondern auch durch Handel und vor allem Kriege, die häufig auf See entschieden wurden, den Einsatz von Feuerholz für die Beheizung von Thermen, das Brennen von Töpferwaren und Ziegeln sowie, seit der Bronzezeit, für die Verhüttung von Erzen.

Obwohl der Einfluß des Menschen auf den Vegetationswechsel, der auch die Albedo großer Teile der Erdoberfläche und den Wasserkreislauf veränderte, heute auf der Basis von Pollenfunden sehr genau dokumentiert ist und kein Zweifel daran besteht, daß es dadurch zumindest regional Klimaänderungen gegeben hat, ist das globale Ausmaß eines anthropogenen Klimawandels in vorindustrieller Zeit, obgleich vorhanden, bislang nicht quantitativ faßbar. Allerdings mag dies auch damit zusammenhängen, daß sich einzelne Faktoren wie eine Erwärmung durch Treibhausgase und eine Abkühlung durch reduzierte Absorption von Sonnenstrahlung wechselseitig neutralisiert haben könnten.

11 *Klimaentwicklung seit der Industriellen Revolution*

In diesem Kapitel erfahren Sie,
- warum die Weltbevölkerung seit dem 18. Jahrhundert rapide wächst und doch ernährt werden kann,
- was die Spinnmaschine mit der Dampfmaschine zu tun hat,
- etwas über den Zusammenhang zwischen Wärmeaustausch, Zufall und Zeit,
- wie der Otto- den Hafermotor ersetzte,
- auf welche Weise Sonnenenergie von gestern zum Treibstoff scheinbar unbegrenzten Wachstums wurde,
- wodurch der Mensch seit zwei Jahrhunderten das Weltklima verändert.

Der Sieg über die Seuchen

Galten Seuchen, Hungersnöte, Kriege und Naturkatastrophen im christlichen Mittelalter als Strafen des HERRN und somit letztlich als Folgen der Erbsünde, konnten Rettung und Heilung nur von Gott kommen.

Mit der allmählichen Überwindung des mittelalterlichen Weltbildes und dem damit einhergehenden Wandel der Einstellung der Menschen zu sich selbst und zur Natur wuchs zugleich die Einsicht, daß Pest, Pocken und Cholera, die seit undenklichen Zeiten in immer wiederkehrenden Epidemien Millionen von Menschen dahingerafft und ganze Landstriche entvölkert hatten, weder von ungünstigen Konstellationen der Gestirne noch von Juden und Hexen, die mit dem Teufel im Bunde standen, hervorgerufen wurden, sondern von Mikroben, denen durch die Bekämpfung von Ratten und vorbeugende Hygienemaßnahmen besser beizukommen war als durch Anrufung von Heiligen, Gebete, Buße und Selbstgeißelung.

Der erste, der – lange vor Louis Pasteur und Robert Koch und selbst lange bevor es leistungsstarke Mikroskope gab – davon ausging, daß Infektionskrankheiten durch winzige Krankheitserreger verursacht wurden, war Girolamo Fracastoro (1478–1553). Den entscheidenden Durchbruch im Kampf gegen die «Geißel Gottes» jedoch brachte im 18. Jahrhundert die Entdeckung, daß sich durch das gezielte Auslösen einer (leichten) Kuhpockenerkrankung ein lebenslanger Schutz vor den echten Pocken erreichen ließ, die in Europa inzwischen die Pest als tödlichste Seuche abgelöst hatten. Die Entwicklung dieses – von lateinisch *vacca* (Kuh) – auch «Vakzination» genannten Verfahrens markiert den Beginn des Einsatzes von Impfungen zur Verhütung bakterieller wie viraler Infektionskrankheiten.

Systematische Schutzimpfungen und weitere Errungenschaften der Präventivmedizin führten dazu, daß die Weltbevölkerung, die Mitte des 19. Jahrhunderts knapp 1,3 Milliarden Menschen zählte, um 1900 schon 1,65, weitere fünfzig Jahre später 2,5 Milliarden betrug und heute bereits auf rund 6,5 Milliarden geschätzt wird.

Agrarrevolutionen und Bevölkerungsexplosion

Da die Bevölkerungsexplosion eine Steigerung der landwirtschaftlichen Erträge notwendig machte, wurde im Laufe des 18. Jahrhunderts die seit dem Mittelalter praktizierte Dreifelderwirtschaft aufgegeben und durch die Fruchtwechselwirtschaft ersetzt, indem man auf der Brache Futterpflanzen und Kartoffeln anbaute. Die derart gesteigerten Erträge ermöglichten Stallfütterung auch im Sommer und damit wiederum eine zusätzliche Düngung der Felder mit Gülle und Mist.

Brachte diese erste «Agrarrevolution» anfangs eine beachtliche Erhöhung der Erträge und damit eine Verbesserung des Lebensstandards der Bevölkerung mit sich – was wiederum deren Wachstum verstärkte –, so bedeutete die neue Wirtschaftsweise doch zugleich Raubbau, denn den allzu intensiv genutzten Böden wurden zunehmend für das Wachstum der Pflanzen wichtige Mineralien entzogen. Zusammen mit der naßkalten Witterung gegen Ende der Kleinen Eiszeit führte dies in der ersten Hälfte des 19. Jahrhunderts zu katastrophalen Mißernten in weiten Teilen Westeuropas und damit zu Hungersnöten, sodaß man befürchtete, die ständig wachsende Bevölkerung bald nicht mehr ernähren zu können.

Just zu dieser Zeit gelang dem Chemiker Justus von Liebig (1803–1873) der Nachweis, daß die stofflichen Umwandlungen in der Organischen Chemie nach den gleichen Gesetzen ablaufen wie in der Anorganischen Chemie. Das brachte ihn auf den Gedanken, den ausgelaugten Böden die entzogenen Mineralien künstlich zuzuführen, um ihre Fruchtbarkeit wiederherzustellen. Liebig, dessen Erkenntnisse sich gegen zunächst heftige Widerstände um 1860 durchsetzten, wurde so als Erfinder des Kunstdüngers zum Begründer einer weiteren Agrarrevolution.

Um den ständig steigenden Bedarf an Kunstdünger zu decken, wurden bald mehr und mehr chemische Fabriken gegründet. Dadurch fanden nicht nur die Hungersnöte in Europa ein Ende, sondern auch die Weltbevölkerung konnte ungebremst wachsen und dank steigender Ernteerträge ausreichend ernährt werden.

Die Versorgung der weiter rasant wachsenden Bevölkerung ließ sich allerdings nicht ausschließlich durch den Einsatz chemischer Düngemittel sichern. Darüber hinaus bedurfte es neuer Produktionsmethoden wie der Massentierhaltung, bei der zusätzlicher Naturdünger anfiel. Landwirtschaftliche Großbetriebe entstanden, deren wachsende Anbauflächen den Einsatz weiterentwickelter oder neu erfundener Maschinen zum Säen, Pflügen, Düngen und Ernten erforderten. Das zwang immer mehr Kleinbauern, da sie der Konkurrenz nicht gewachsen waren, ihre Äcker zu verkaufen und sich entweder als Landarbeiter oder – da viele auf dem Land nicht mehr gebraucht wurden – in den Städten als Dienstboten oder Fabrikarbeiter zu verdingen, um unter anderem jene Maschinen herzustellen, die einerseits ihre Arbeit als Bauern überflüssig machten und andererseits halfen, genug Nahrung für alle zu produzieren.

Ab der Mitte des 20. Jahrhunderts fand schließlich eine dritte Agrarrevolution statt, in deren Verlauf es durch den massiven Einsatz chemischer Schädlingsbekämpfungsmittel, fortschreitende Mechanisierung sowie dank wissenschaftlicher Tier- und Pflanzenzucht zu weiteren enormen Steigerungen der Flächenerträge kam.

Verstädterung und Industrialisierung

Die wirtschaftlichen und sozialen Folgen der Agrarrevolutionen des 18. und 19. Jahrhunderts waren wichtige Voraussetzungen für die Industrielle Revolution: Die Landflucht führte zum Wachstum der Städte, wo nun genügend Arbeitskräfte zur Verfügung standen, um in den allenthalben entstehenden Fabriken jene Konsum- und Investitionsgüter herzustellen, die für die Deckung des Bedarfs einer ständig wachsenden Bevölkerung nötig waren.

Gefördert wurde diese Entwicklung vor allem in Großbritannien durch den Handel mit Kolonialwaren und die Ausbeutung der Kolonien: Der wichtigste, in den amerikanischen Kolonien billig produzierte und in großen Mengen importierte Rohstoff war Baumwolle. Die Industrielle Revolution begann daher nicht zufällig in England mit der Erfindung mechanischer Spinnmaschinen und Webstühle, die anfangs mit Wasserkraft und nach der Erfindung der ersten effizienten Dampfmaschine durch James Watt (1736–1819) mit Dampf betrieben wurden.

Watts Erfindung – oder besser Erfindungen, denn zwischen 1765 und 1790 entwickelte er vom Kondensator über das Planetengetriebe bis zum Überdruckventil etliche technische Neuerungen – markiert einen Wendepunkt in der Geschichte der Menschheit, vergleichbar in seiner Tragweite wohl nur der Beherrschung des Feuers und der Neolithischen Revolution.

Genaugenommen kommt die Erfindung der Dampfmaschine sogar einer Kombination aus beiden gleich, handelt es sich dabei doch um die Verbindung aus einer indirekten Nutzung des Feuers und einer neuartigen industriellen, d. h. arbeitsteiligen und mechanisierten Massenproduktion in Großbetrieben: So wurde sie nicht nur – wie schon Karl Marx und Friedrich Engels erkannten – zum Auslöser eines tiefgreifenden Wandels der gesellschaftlichen Verhältnisse bis hin zu weltwirtschaftlichen und weltpolitischen Umwälzungen, sondern auch, wie sich heute rückblickend zeigt, zur Keimzelle tiefgreifender Veränderungen in der gesamten Natur einschließlich des globalen Klimas.

Von der Arbeits- zur Kraftmaschine

Watts Dampfmaschine war freilich keine völlige Neuentwicklung. Sie bildete lediglich den Höhepunkt in einer langen Reihe von Erfindungen und technischen Verbesserungen von Geräten, die mittels Über- oder Unterdruck Bewegung erzeugen. Das bahnbrechend Neue war, daß sie den Prototyp einer Kraftmaschine darstellte.

Arbeitsmaschinen – vom einfachen Hebel über Wasser- und Windmühlen bis zur astronomischen Uhr –, die mittels zugeführter Kräfte Bewegungen ausführen, um bestimmte Arbeiten zu verrichten oder wenigstens zu erleichtern, hatte es schon in vorindustrieller Zeit gegeben. Anders als diese dienen Kraftmaschinen also nicht unmittelbar der Verrichtung von Arbeit, sondern der Umwandlung einer Energieform in eine andere, um damit Arbeitsmaschinen anzutreiben. Kraftmaschinen werden daher auch Motoren – von lateinisch *movere* (bewegen) – genannt.

Bei der Wattschen Dampfmaschine als der klassischen Kraftmaschine wird Wasser erhitzt, um die beim Übergang vom flüssigen zum gasförmigen Aggregatzustand eintretende Erhöhung des Drucks durch Dampfexpansion zur Verrichtung mechanischer Arbeit zu nutzen. Dabei erfolgt eine Umwandlung von Wärme- in kinetische oder Bewegungsenergie. «Watt» (W) wurde daher zur physikalischen Einheit für Leistung, Energie- und Wärmestrom.

In der zweiten Hälfte des 19. Jahrhunderts entdeckten dann mehrere Forscher und Ingenieure – darunter auch Werner von Siemens (1816–1892) –, daß sich durch Rotation eines Ankers, d. h. eines mit einer Wicklung umgebenen Eisenkerns, in einem Magnetfeld Strom erzeugen und damit kinetische in elektrische Energie umwandeln läßt. Im Gegensatz zum Motor bezeichnet man eine solche, nach dem dynamo-elektrischen Prinzip funktionierende Kraftmaschine, die keine fremde Stromquelle benötigt, als Generator – von lateinisch *generare* (erzeugen) – oder Dynamo. Auch was gemeinhin als «Energieerzeugung» bezeichnet wird, ist also im Grunde Energieumwandlung.

Thermodynamik: Entropie und Zeit

Die Thermodynamik ist jener Teil der Wärmelehre, der sich mit der Umwandlung von Wärme in andere Energieformen beschäftigt. Grundsätzlich gibt es dabei zwei Ansätze:
a) den makroskopischen, der von unmittelbar beobachtbaren Erscheinungen ausgeht, und
b) den mikroskopischen, der thermodynamische Phänomene mit statistischen Mitteln zu beschreiben versucht.
Die Grundbegriffe sind für a) Temperatur und Wärmemenge, für b) Entropie.

→ *Temperatur* ist ein Maß für den mittleren Zustand eines Systems, unabhängig von dessen Größe, Masse und Material. Bestimmt wird dieser Zustand mikroskopisch durch die Bewegung der Atome und Moleküle. Je schneller – Physiker sagen: ungeordneter – sie sich bewegen, desto höher ist die Temperatur. Bei -273,15 °C oder 0 K (Kelvin), dem absoluten Nullpunkt, gäbe es keine Molekularbewegung mehr.
- *Der Dritte Hauptsatz der Thermodynamik* lautet daher:
  Der absolute Nullpunkt ist nicht erreichbar.

→ *Energie* wird definiert als die in physikalischen Systemen gespeicherte Fähigkeit, Arbeit zu verrichten. Energie ist nicht meßbar, sondern läßt sich nur berechnen oder durch geleistete Arbeit bestimmen. Ihre physikalische Einheit ist Joule*, die Wärmemenge. Energie ist nach Einsteins Relativitätstheorie zudem äquivalent mit Masse.
- *Der Erste Hauptsatz der Thermodynamik* besagt daher:
  Die Summe der Energien, die ein physikalisches System mit seiner Umgebung durch Wechselwirkung austauscht, bleibt erhalten. Energie kann also weder vernichtet noch aus dem Nichts geschaffen werden. (Erhaltungssatz)
  Nach dem Ersten Hauptsatz wären – im Idealfall – alle Energieformen vollständig ineinander umwandelbar. Das System könnte demnach stets in den unveränderten Ausgangszustand zurückkehren. Alle Prozesse der Energieumwandlung wären – wie in der klassischen Physik – naturgesetzlich streng determiniert und reversibel. Von früheren Zuständen ließe sich auf spätere schließen und umgekehrt. Damit gäbe es aber keinen prinzipiellen Unterschied zwischen Vergangenheit und Zukunft.

→ *Entropie*** – von griechisch *entrépein* (umkehren) – ist ein Maß für den Grad der in einem thermodynamischen System herrschenden Unordnung, abhängig von Größe, Masse, Material und Temperatur, also für die in ihm enthaltene Wärmemenge in Gestalt von Bewegung. Beim absoluten Nullpunkt wäre die Entropie eines thermodynamischen Systems dem Ersten Hauptsatz zufolge ebenfalls 0. Die Entropie kann also nur Werte einnehmen, die darüber liegen, also größer sind als 1. Thermodynamische Systeme sind abgegrenzte Bereiche, deren innere, durch Temperaturen definierte Teilbereiche wechselseitig Energien austauschen können. Abgeschlossen sind solche Systeme, wenn ihnen von außen keinerlei Energie zugeführt oder entzogen werden kann.

- *Der Zweite Hauptsatz der Thermodynamik* besagt daher:
  Die Entropie nimmt in abgeschlossenen Systemen niemals ab, sondern höchstens zu. (Entropiesatz)
  Der Zweite Hauptsatz gründet auf der Erfahrung, daß jedem Entropiewert eines abgeschlossenen Systems ein niedrigerer vorausgeht. Daraus folgt, daß ein solches System nach dem thermodynamischen Gleichgewicht als dem statistisch wahrscheinlichsten Zustand maximaler Entropie zwischen 1 und ∞ strebt, in dem die Temperatur überall gleich ist und keine mechanischen Prozesse mehr ablaufen können. (Wärmetod)
  Da der spätere Zustand eines thermodynamischen Systems eine höhere Entropie aufweist als der frühere, die beiden Zustände also nicht symmetrisch sind, sind auch die spontan, d. h. nach dem Zufallsprinzip, ablaufenden thermodynamischen Prozesse nur mit statistischer Wahrscheinlichkeit voraussagbar und somit irreversibel. Daraus wiederum folgt, daß es einen grundsätzlichen Unterschied zwischen Vergangenheit und Zukunft gibt. Der Zweite Hauptsatz der Thermodynamik erfordert somit als einzige fundamentale Größe der Physik die Annahme einer Richtung der Zeit.

* Das Joule ist die Einheit für Energie, Arbeit und Wärmemenge (1 W = 1 J/s).
** Entropie ist physikalisch J/K = Joule durch Kelvin; 1 Joule = 1 Wattsekunde

Von der Dampf- zur Verbrennungskraftmaschine

Zwar folgt aus dem Zweiten Hauptsatz nicht, daß durch Umwandlung Energie vernichtet wird, wohl aber, daß bestimmte Umwandlungsprozesse in der Realität nicht stattfinden und daß nicht alle Energieformen vollständig ineinander umgewandelt werden können. Insbesondere ist es nicht möglich, Wärme vollständig in Arbeit umzuwandeln.

Wenn von mehr oder weniger großen Verlusten bei Umwandlungsprozessen die Rede ist, so sind damit in der Regel jene Teilmengen gemeint, die statt in die gewünschte in eine andere, nicht oder nur schwer nutzbare Energieform – zumeist Wärme – umgewandelt werden.

Diese «Verluste» lassen sich, soweit sie – beispielsweise durch Reibung – die Folge technischer Mängel oder Unzulänglichkeiten sind, durch verbesserte Techniken – beispielsweise durch Kugellager – wesentlich verringern. So setzte die Dampfmaschine von Thomas Newcomen (1663–1729) lediglich 0,5 Prozent, die verbesserte Version von James Watt hingegen bereits 3 Prozent der eingesetzten Primärenergie in Nutzenergie um. Wie der französische Physiker Nicolas Léonard Sadi Carnot (1796–1832), der Begründer der Thermodynamik, nachwies, geht bei jeder Umwandlung ein Teil als Abwärme verloren, sodaß ein Wirkungsgrad von 100 Prozent prinzipiell nicht erreichbar ist.

Als besonders ungünstig sollte sich der geringe Wirkungsgrad von Dampfmaschinen erweisen, als man begann, diese nicht mehr nur ortsgebunden in Bergwerken und Fabriken einzusetzen, sondern auch mobil, erforderte doch das Befeuern des Kessels Kohle und Wasser in großen Mengen. Bei Dampfschiffen, bei denen Gewicht und Größe eine untergeordnete Rolle spielen, bereitete dies keine besonderen Schwierigkeiten, für Landfahrzeuge bedeutete es jedoch ein erhebliches Problem: Für den Betrieb auf längeren Strecken mußten die Lokomotiven in einem Tender stets große Mengen an Brennstoffen und Wasser mitführen.

Die Lösung des Problems brachte die Erfindung der Verbrennungskraftmaschine durch den Franzosen Jean-Joseph-Étienne Lenoir (1822–1900), denn bei dieser wurde die Wärme nicht mehr außerhalb des Zylinders erzeugt, in den der Dampf geleitet wurde, sondern durch die Zündung eines explosiven Gas-Luft-Gemisches im Zylinder selbst, sodaß die Gasexpansion den Kolben direkt bewegt. Damit war sie wesentlich kleiner als die Dampfmaschine und konnte zudem schneller in Gang gesetzt werden. Vor allem aber war sie mit Flüssigkeiten bzw. Gasen zu betreiben, Kraftstoffen also, die, außer daß sie viel weniger Platz benötigten als Kohle und daher leichter mitgeführt werden konnten, auch billig waren.

Nachdem die Deutschen Nicolaus August Otto (1831–1891) und Rudolf Diesel (1858–1913) die nach ihnen benannten Motoren mit hohen Wirkungsgraden entwickelt hatten, war der Siegeszug der Verbrennungskraftmaschinen, zu denen auch spätere Entwicklungen wie Gasturbinen und Strahltriebwerke zählen, vorgezeichnet: Hatte das 19. Jahrhundert ganz im Zeichen der Dampfmaschine und der Eisenbahn gestanden, sollte das 20. Jahrhundert zum Zeitalter der Verbrennungskraftmaschinen werden. Sie traten zunehmend an die Stelle von Pferden, Büffeln, Eseln und Kamelen, die dem Menschen seit Jahrtausenden gedient hatten: Die Arbeitstiere wurden «arbeitslos». Der Ottomotor ersetzte den «Hafermotor».

Sonnenenergie von gestern

Ob Dampf- oder Verbrennungskraftmaschinen: als Treibstoff dienen in erster Linie Kohle, Erdöl und Erdgas, also größtenteils Überreste pflanzlicher Organismen, die im Laufe von Hunderten von Millionen Jahren der Atmosphäre durch Photosynthese Kohlenstoff entzogen und dabei Sauerstoff freigesetzt hatten und so als fossile Biomasse dafür sorgten, daß sich der Kohlendioxid-Anteil der Atmosphäre langfristig auf den heutigen Wert verringerte.

Die fossilen Energieträger sind also im Grunde nichts anderes als in chemische Energie umgewandelte und in der Lithosphäre gespeicherte Sonnenenergie von gestern. Durch ihre Verwendung als Treibstoffe für Kraftmaschinen erfolgt nun eine weitere Umwandlung von chemischer Energie zunächst in Wärme-, dann in Druck- und am Ende in Bewegungsenergie.

Die Kette von Umwandlungen, die allesamt bei unterschiedlichen Wirkungsgraden mit mehr oder weniger großen Energieverlusten verbunden sind, ließe sich unendlich fortsetzen – beispielsweise, indem man die so gewonnene kinetische mit Hilfe magnetischer in elektrische Energie umwandelt, die, durch Fernleitungen übertragen, andernorts vielleicht erneut in kinetische oder aber in elektromagnetische Energie transformiert und in Gestalt von Radiowellen ausgestrahlt wird. Zumindest der Phantasie sind in bezug auf mögliche Umwandlungen der unterschiedlichen Energieformen keine Grenzen gesetzt.

Aber auch die technischen Möglichkeiten scheinen unbegrenzt. Tatsächlich hat die Entdeckung, daß sich die einzelnen Energieformen ineinander umwandeln und für unterschiedlichste Zwecke nutzen lassen, eine Entwicklung in Gang gesetzt, die mit dem Einsatz von Dampfmaschinen beim mechanischen Webstuhl beginnend über die Revolutionierung des gesamten Verkehrswesens – zunächst durch Dampfschiffe und Eisenbahnen, später auch durch Automobile und Flugzeuge – und der Landwirtschaft bis zur modernen Mikroelektronik und Datenverarbeitung und damit zu einer totalen Abhängigkeit moderner Staaten von allenthalben in nahezu unbegrenzten Mengen verfügbarer Energie führte.

Vom Mangel zum Überfluß

In vorindustriellen Wirtschafts- und Gesellschaftsformen stand den Menschen Energie nur äußerst spärlich zur Verfügung. Noch gegen Ende des 18. Jahrhunderts stammten rund 40 Prozent der gesamten nutzbaren Energie von der Muskelkraft der Zugtiere, 12 Prozent von Wasserrädern, 3 Prozent von menschlicher Körperkraft und weniger als 1 Prozent von Windmühlen, während mit weiteren 40 Prozent nahezu der gesamte Bedarf an Brennstoff durch Holz gedeckt wurde. Steinkohle, die in Europa bereits seit dem 13. Jahrhundert abgebaut wurde, spielte als Energiequelle nur eine untergeordnete Rolle. Da Holz fast die gesamte Wärmeenergie lieferte und damit erheblicher Raubbau getrieben wurde, war das vorindustrielle, daher auch als das «hölzerne» bezeichnete Zeitalter zunehmend von Energiemangel gekennzeichnet.

Anfang des 19. Jahrhunderts änderte sich dies geradezu schlagartig dank der vielseitigen Einsatzmöglichkeiten von Steinkohle, denn damit betriebene Dampfmaschinen fanden nicht nur in Fabriken Verwendung, sondern wurden auch in den Kohlebergwerken selbst zur Steigerung der Fördermengen eingesetzt, wodurch Eisenverhüttung im großen Stil überhaupt erst möglich wurde. Eisen aber war der Rohstoff für die gesamte Metall- und Maschinenbauindustrie – einschließlich der Eisenbahnen und Dampfschiffe, mit denen sowohl Kohle und Eisenerz als auch die in immer größeren Mengen industriell produzierten Massenwaren schnell und billig über die ganze Welt transportiert werden konnten. So wurde der Einsatz fossiler Energieträger in Kraftmaschinen zum Motor einer Globalisierung, die im Kolonialzeitalter des 19. Jahrhunderts erstmals eine energiewirtschaftliche Basis fand.

Die Entdeckung, daß sich Wärme technisch in mechanische Bewegung umwandeln läßt, erwies sich gleichsam als «Schmetterlings-Effekt», also als einer jener Faktoren nichtlinearer Systeme, deren unvorhersehbare, exponentiell gesteigerte Wirkung durch Rückkoppelung selbstverstärkend zu qualitativen Veränderungen von Gesamtsystemen führen. Im Fall der Thermodynamik betrafen die Auswirkungen gleichermaßen die sozioökonomischen Systeme der Menschen wie den gesamten Wärmehaushalt und mit ihm das ökologische Gleichgewicht der Erde. Indem auf einmal Energie – zunächst in Gestalt fossiler Energieträger, später auch in Form von Strom und Kernenergie – scheinbar im Überfluß verfügbar war, wurden in den Industriestaaten wirtschaftliche Kräfte freigesetzt, die unbegrenztes Wachstum verhießen: In weniger als zwei Jahrhunderten trat hier an die Stelle von Knappheit der Ressourcen und eng begrenzten Wachstums eine scheinbar endgültige Befreiung von Mangel und Stagnation.

Die Rückkehr des Kohlenstoffs

Besserte sich der desolate Zustand der Wälder Westeuropas seit der zweiten Hälfte des 19. Jahrhunderts allmählich dank der ständig sinkenden Bedeutung von Holz als Energiequelle und der systematischen Aufforstung, so stieg gleichzeitig durch den bei der Verbrennung (Oxidation) fossiler Brennstoffe freiwerdenden hohen Anteil von Kohlendioxid der CO_2-Gehalt der Atmosphäre. Die Rückkehr der Wälder ging somit einher mit der Rückkehr des einst der Luft durch Photosynthese entzogenen Kohlenstoffs bei gleichzeitiger Verringerung des Sauerstoff-Anteils.

Daß diese eindeutig anthropogene, d. h. von Menschen verursachte Zunahme der Kohlendioxid-Konzentration auf Dauer zu einer Erwärmung der Atmosphäre führen müsse, hatte bereits der schwedische Chemiker Svante August Arrhenius (1859–1927) erkannt, als er im Jahr 1907 den Klagen über den gedankenlosen Verbrauch der «in der Erde angehäuften Kohlenschätze» entgegenhielt, das habe wohl auch sein Gutes, denn dadurch «hoffen wir uns allmählich Zeiten mit gleichmäßigeren und besseren klimatischen Verhältnissen zu nähern, besonders in den kälteren Teilen der Erde; Zeiten, da die Erde um das Vielfache erhöhte Ernten zu tragen vermag zum Nutzen des rasch anwachsenden Menschengeschlechtes».

Arrhenius' Erkenntnisse zum natürlichen wie zum anthropogenen Treibhauseffekt, die ihn schon Jahre zuvor einen Anstieg der globalen Temperatur um mehrere Grad hatten errechnen lassen, fanden jahrzehntelang kein Echo. Erst 1941 sollte Hermann Flohn (1912–1997), der Nestor der deutschen Klimaforschung, auf die unabsehbaren Folgen einer durch die Aktivitäten des Menschen verursachten großräumigen Klimaänderung hinweisen.

Erste Schritte zum Klimaschutz

Eine intensive wissenschaftliche Beschäftigung mit der Problematik anthropogenen Klimawandels begann aber nicht vor der zweiten Hälfte der 1960er Jahre. Sie führte zur ersten Welt-Umweltkonferenz (Konferenz über die menschliche Umwelt) 1972 in Stockholm, mit der sich die Vereinten Nationen des Themas annahmen. Als deren Ergebnis wurde nicht nur das Umweltprogramm der UNO, das UNEP (United Nations Environment Programme), sondern auch ein Globales Umweltüberwachungssystem (Global Environment Monitoring System, GEMS) ins Leben gerufen, das die Einflüsse von Energiegewinnung- und verbrauch – insbesondere durch Emissionen von Kohlendioxid, Schwefeldioxid, Oxidationsmitteln, Stickoxiden, Wärme und Radioaktivität – auf das Wetterge-

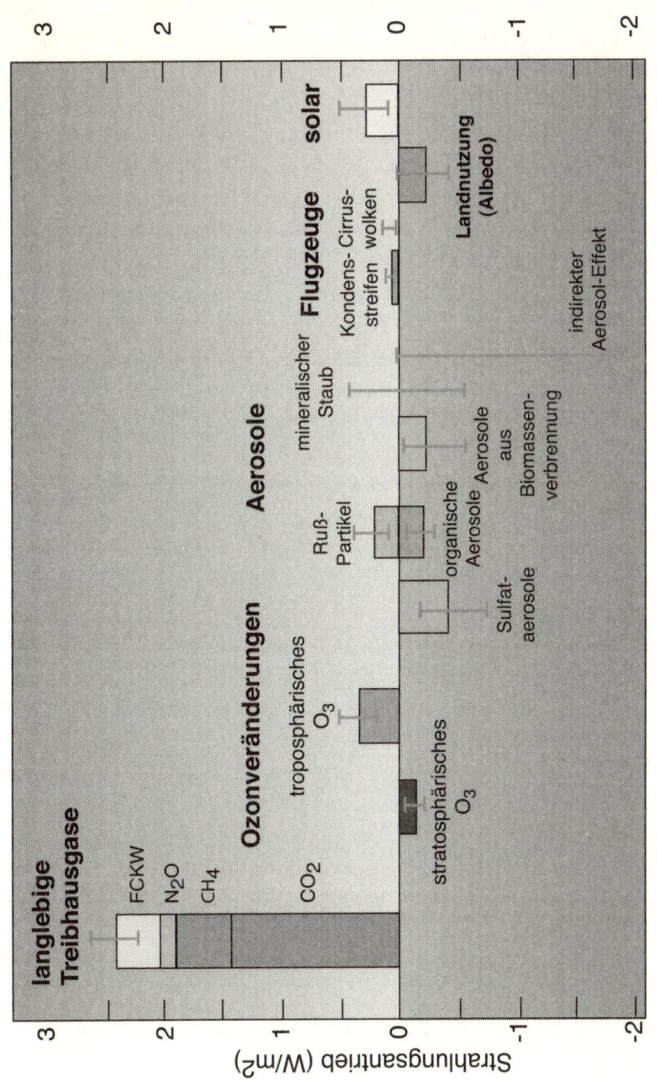

Abb. 6: Strahlungsantrieb durch Treibhausgase, Aerosole und Solarvariabilität; I = Abschätzung der Unsicherheit

Klimaentwicklung seit der Industriellen Revolution

schehen, die menschliche Gesundheit und das Leben von Tieren und Pflanzen überwachen sollte.

Wie weltweit gesammelte Meßdaten innerhalb weniger Jahre ergaben, konnte kein Zweifel mehr daran bestehen, daß die Verbrennung fossiler Energieträger, die Abholzung großer Waldflächen und veränderte Landnutzung den CO_2-Gehalt der Atmosphäre stark erhöht hatten und daß er Jahr für Jahr weiter stieg. Im Schlußkommuniqué der 1. Weltklimakonferenz 1988 in Toronto wurde daher ausdrücklich vor den Konsequenzen einer globalen Erwärmung als Folge dieser Zunahme der Konzentration von Kohlendioxid und anderer Treibhausgase in der Atmosphäre gewarnt und sofortiges Gegensteuern gefordert. Seither ist der Ruf nach Klimaschutz nicht mehr verstummt, wobei auf immer neuen Konferenzen diskutiert wird, wie sich die von der Wissenschaft als notwendig erkannten Maßnahmen um- und durchsetzen ließen.

Um die weltweit erfaßten Daten über Klimaänderungen zentral zu bündeln, gründeten die Weltorganisation für Meteorologie (World Meteorological Organization, WMO) und das UNEP 1988 den Zwischenstaatlichen Ausschuß für Klimawandel der Vereinten Nationen (Intergovernmental Panel on Climate Change, IPCC) mit Sitz in Genf. Dessen Aufgabe ist nicht, selbst Forschung zu betreiben, sondern etwa alle fünf Jahre umfassend, objektiv und transparent den jeweils aktuellen Wissensstand der gesamten Klima- und Klimafolgenforschung zusammenzufassen und bei der Bewertung zu einem Konsens zu kommen. Der erste Bericht des IPCC, der einen Anstieg der Konzentration von Treibhausgasen in der Atmosphäre als Folge menschlicher Aktivitäten als sicher prognostizierte, erschien bereits 1990, der zweite 1996, der dritte und bisher letzte im Jahr 2001. Der vierte IPCC-Bericht soll Anfang 2007 vorliegen.

Anthropogene Treibhausgase

Gäbe es nicht den natürlichen Treibhauseffekt, der verhindert, daß die von der Sonne auf der Erde eintreffende Wärmeenergie vollständig in den Weltraum zurückgestrahlt wird, läge die mittlere Temperatur an der Erdoberfläche etwa 33 °C niedriger als heute. Daß dem nicht so ist, ist der Wirkung der Treibhausgase zu verdanken, die Infrarotstrahlung zuerst absorbieren und dann reemittieren.

Die wichtigsten Treibhausgase sind Wasserdampf, Kohlendioxid, Methan, Lachgas und Ozon. Obwohl ihr Anteil an der Atmosphäre zusammen nur knapp 1 Prozent ausmacht, regulieren sie weitgehend den Wärmehaushalt der Erde.

Zwar hatte der Mensch auch schon in früheren Zeiten die Zusammensetzung der Atmosphäre beeinflußt, doch erst seit der Industriellen Revolution und der ihr folgenden exzessiven Nutzung fossiler Brennstoffe hat die Konzentration der Treibhausgase in der Atmosphäre so stark zugenommen, daß von einem anthropogenen Treibhauseffekt gesprochen werden muß. Im einzelnen heißt es dazu u. a. im dritten Bericht des IPCC:

→ *Kohlendioxid (CO_2)*
Seit 1750 ist die Kohlendioxid-Konzentration in der Atmosphäre um 31 Prozent gestiegen und damit so hoch wie seit 650 000 Jahren, wahrscheinlich sogar seit 20 Millionen Jahren nicht mehr. Die Zuwachsrate betrug Ende des 20. Jahrhunderts jährlich rund 0,4 Prozent. Etwa drei Viertel der anthropogenen CO_2-Emissionen seit 1980 sind auf die Verbrennung fossiler Energieträger, der Rest auf Änderungen der Landnutzung (z. B. auf Brandrodung) zurückzuführen. Kohlendioxid ist für rund 60 Prozent des anthropogenen Treibhauseffekts verantwortlich.

→ *Methan (CH_4)*
Seit 1750 ist die Methan-Konzentration in der Atmosphäre um 151 Prozent gestiegen und damit so hoch wie seit mindestens 650 000 Jahren nicht mehr. Im Vergleich zu den 80er Jahren des 20. Jahrhunderts hat sich der Anstieg jedoch verlangsamt. Über die Hälfte der CH_4-Emissionen ist anthropogen (z. B. durch Verbrennung fossiler Brennstoffe, Viehzucht, Reisanbau und Deponien). Methan ist für rund 20 Prozent des vom Menschen verursachten Treibhauseffekts verantwortlich.

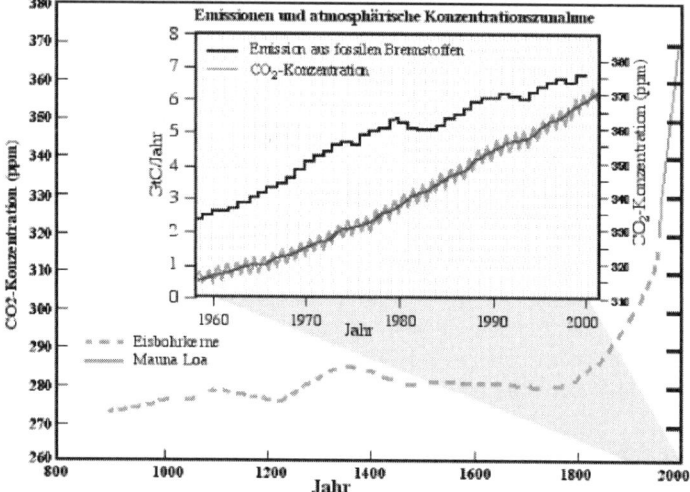

Abb. 7: Die atmosphärische CO_2-Konzentration in den Jahren 900–2000; *im Kasten:* CO_2-Emissionen und die Zunahme der atmosphärischen Konzentration in den Jahren 1958–2002

→ *Lachgas (N_2O)*
Seit 1750 ist die Lachgas-Konzentration in der Atmosphäre um 17 Prozent gestiegen und damit so hoch wie seit mindestens 1000 Jahren nicht mehr. Der Anstieg setzt sich fort. Etwa ein Drittel der gegenwärtigen N_2O-Emissionen ist anthropogen (z. B. durch chemische Industrie, landwirtschaftliche Bodennutzung einschließlich Anbau von Tierfutter). Lachgas ist für rund 6 Prozent des anthropogenen Treibhauseffekts verantwortlich.

→ *Ozon (O_3)*
Seit 1750 ist die Ozon-Konzentration in der Troposphäre um rund 36 Prozent gestiegen, hauptsächlich infolge anthropogener Emissionen diverser ozonbildender Gase. Die Verteilung des Ozons ist regional unterschiedlich. Zudem reagiert seine Konzentration schneller auf Emissionsschwankungen als langlebige Treibhausgase wie Kohlendioxid.

→ *weitere Treibhausgase*
Halogenkohlenwasserstoffe – auch halogenierte Kohlenwasserstoffe genannt –, die zusätzlich zu Kohlen- und Wasserstoff auch Fluor, Chlor, Brom oder Jod enthalten, entstammen nicht natürlichen Quellen, sondern werden ausschließlich industriell erzeugt. Die bekanntesten dieser Substanzen sind die Fluorchlorkohlenwasserstoffe (FCKW), die jahrzehntelang u. a. als Kälte-, Treib-, Löse- und Reinigungsmittel sowie zum Schäumen von Kunststoffen Verwendung fanden. Sie können sowohl als Treibhausgase wirken als auch die Ozonschicht zerstören – Stichwort «Ozonloch» –, wodurch sich die Absorption der einfallenden UV-Strahlung verringert, was vor allem für die Biosphäre schädliche Folgen hat. Seit 1995 ist es gelungen, die Emissionen dieser Stoffe wesentlich zu reduzieren.

Schwefelhexafluorid (SF_6) wirkt als Treibhausgas etwa 23 900mal stärker als Kohlendioxid. Es bietet zahlreiche Anwendungsmöglichkeiten. Seine Konzentration steigt derzeit.

→ *Wasserdampf (H_2O)*
Wasserdampf ist das wichtigste natürliche Treibhausgas. Er trägt mehr als die Hälfte zum gesamten Treibhauseffekt bei. Anthropogen spielt der Wasserdampf unmittelbar nur bei Heizkraftwerken und beim Flugverkehr (Kondensstreifen, Cirruswolken) eine Rolle, ist dabei aber als Faktor für die globale Klimaerwärmung vernachlässigbar gering.

Daß sich der Luftverkehr jedoch zumindest lokal auf das Wetter auswirken kann, zeigte sich, als unmittelbar nach den Anschlägen auf das World Trade Center in New York am 9. September 2001 die Temperaturen in den USA leicht, aber signifikant zurückgingen, solange das nahezu vollständige Flugverbot für klarere Luft und weniger Wolken sorgte.

Die einzelnen Treibhausgase tragen beim natürlichen Treibhauseffekt zu folgenden Erhöhungen der Oberflächentemperatur bei:

Treibhausgas	Wasser-dampf	Kohlen-dioxid	Lach-gas	Ozon	Methan
Temperatur-anstieg	20,6 °C	7,2 °C	2,4 °C	2,4 °C	0,8 °C

Anthropogene Aerosole

Aerosole sind in der Atmosphäre verteilte, durch mechanische, thermische oder chemische Prozesse entstandene Schwebeteilchen verschiedener flüssiger und fester Stoffe. Sie können sich auf die Intensität der auf der Erdoberfläche eintreffenden Sonnenstrahlung auswirken. Natürliche Aerosole sind z. B. Vulkanasche, Pollen, Wüstenstaub oder Meersalz aus der Gischt. Anthropogene Aerosole sind z. B. Industriestäube, Rauch, Ruß, Nitrate, Sulfate, Stickoxide oder Nanopartikel.

Das Klima könnten anthropogene Aerosole im wesentlichen auf drei Arten beeinflussen:
• als Kondensationskerne bei der Wolkenbildung,
• als Katalysatoren für chemische Reaktionen klimawirksamer Gase wie Ozon und
• als Reflektoren einfallenden Sonnenlichts.

Seit der Industriellen Revolution haben, wie Analysen von Eisbohrkernen zeigen, die anthropogenen Aerosole vor allem durch die Verbrennung fossiler Energieträger und von Biomasse erheblich zugenommen. Die Annahme liegt nahe, daß sie über die Wolkenbildung – Stichwort «Industrieschnee» – auch Einfluß auf das Wetter haben können. Ihr möglicher Einfluß auf das Klimageschehen ist derzeit jedoch noch weitgehend unklar. Insgesamt scheinen sie den Treibhauseffekt allerdings eher zu bremsen als zu beschleunigen.

Anthropogene Änderungen der Albedo

Jede Veränderung der Erdoberfläche ändert auch deren Vermögen, Sonnenstrahlung zu absorbieren oder durch Streuung oder Reflexion zurückzustrahlen. Zu den natürlichen Veränderungen vor allem durch die Kontinentaldrift und die Evolution des Lebens trat seit der Neolithischen Revolution die Nutzung des Landes durch den Menschen.

Unmittelbare Eingriffe des Menschen in die Oberflächenstruktur erfolgten zunächst durch Rodungen, wobei Abholzungen nicht nur die Albedo erhöhen, sondern daneben auch zur Freisetzung von CO_2 beitragen und die Wirkung der Wälder als Kohlenstoffsenke mindern. Umgekehrt verwandelt Bewässerung von hellen, wenig verdunstenden Trockengebieten mit relativ hoher Albedo diese in dunkle, stark verdunstende Flächen.

Entsprechendes geschieht durch die Ausdehnung der Wüstengebiete (Desertifikation) durch Austrocknung (Aridisierung) aufgrund von Wasserverschwendung und -verschmutzung oder durch die sich wegen der Bevölkerungsexplosion und fortschreitenden Verstädterung immer weiter ausdehnenden Siedlungsflächen. Hinzu kommt die fortschreitende Landnutzung für Industrieanlagen und Verkehrswege sowie die Abdeckung von Anbaugebieten mit Plastikplanen.

Welchen Effekt solche anthropogenen Änderungen der Albedo auf den Strahlungs- und Energiehaushalt der Erde und damit auf das Klima haben, ist schwer zu berechnen, obwohl kein Zweifel besteht, daß es solche Auswirkungen gibt.

Noch schwerwiegender allerdings dürften die indirekten Konsequenzen sein, wenn aufgrund der anthropogenen globalen Klimaerwärmung Gletscher und Polkappen abschmelzen und damit aus riesigen Flächen mit extrem hoher Albedo solche mit extrem niedriger Albedo werden sollten. Dies könnte zu einem Rückkoppelungseffekt führen, der den Klimawandel wesentlich verstärkt.

Der Mensch als Verursacher des Klimawandels

Parallel zum kontinuierlichen Anstieg der Konzentration anthropogener Treibhausgase in der Atmosphäre – allen voran von Kohlendioxid – ist seit Beginn der systematischen, annähernd flächendeckenden Temperaturmessungen im Jahr 1861 ein sich ständig beschleunigender Anstieg der mittleren globalen Temperatur zu verzeichnen. Besonders drastisch verdeutlichen dies die CO_2-Messungen, die seit 1958 am Observatorium Mauna Loa auf der Insel Hawaii vorgenommen wurden: Sie schließen sich mit einem Wert von 315 Millionstel Volumenanteilen (ml/m³ oder parts per million, ppm) nahtlos an die durch Untersuchungen von Eis-Bohrkernen gewonnen Daten an, die belegen, daß der CO_2-Gehalt der Troposphäre, der seit mindestens 650 000 Jahren zu keiner Zeit einen Wert von etwa 300 ppm überschritten hatte, seit dem Beginn der Industrialisierung rasant gestiegen ist und im Jahr 2004 bereits über 380 ppm betrug.

Änderungen des Wärmehaushalts im 20. Jahrhundert

Eine Zusammenschau der Änderungen der globalen Temperaturen von Atmo-, Hydro- und Kryosphäre im 20. Jahrhundert, wie sie der IPCC-Bericht des Jahres 2001 bietet, ergibt folgendes Bild:
- Die mittlere *globale Temperatur an der Erdoberfläche* ist im vergangenen Jahrhundert um etwas mehr als 0,6 °C gestiegen, wobei die Erwärmung vor allem zwischen 1910 und 1945 sowie nach 1976 erfolgte. Das letzte Jahrzehnt war dabei das wärmste und 1998 das wärmste Jahr seit einem Jahrtausend. Da die Minimalwerte der nächtlichen *Lufttemperatur über der Landoberfläche* seit 1950 mit 0,2 °C pro Jahrzehnt doppelt so stark stiegen wie die Maximalwerte am Tage, hat sich in vielen Regionen mittlerer und hoher Breiten die frostfreie Zeit verlängert.
Der *Temperaturanstieg der Meeresoberfläche* war im selben Zeitraum etwa halb so groß wie der über der Landoberfläche.
- In den letzten vier Jahrzehnten (seit Wetterballone brauchbare Daten liefern) ist die *Temperatur der untersten 8 Kilometer der Atmosphäre* global pro Dekade um 0,1 °C gestiegen, wobei es Unterschiede zwischen den verschiedenen Klimazonen gibt.
- Wahrscheinlich hat seit 1950 die *Häufigkeit extrem tiefer Temperaturen* ab-, die *Häufigkeit extrem hoher Temperaturen* hingegen zugenommen.
- Wie Satellitendaten zeigen, ist die *Schneebedeckung* seit den späten 1960er Jahren sehr wahrscheinlich um etwa 10 Prozent zurückgegangen.
Beobachtungen am Boden lassen einen Rückgang der jährlichen

Dauer der *Eisbedeckung von Seen und Flüssen* in mittleren und höheren Breiten der Nordhemisphäre um 2 Wochen erkennen.
Die *Gletscher* nichtpolarer Regionen sind im 20. Jahrhundert stark abgeschmolzen.
Die Ausdehnung der *Meereisbedeckung in der Nordhemisphäre* ist in den letzten 50 Jahren im Frühjahr und Sommer um 10 bis 15 Prozent zurückgegangen.
Die Mächtigkeit des arktischen Meereises im Spätsommer und Frühherbst hat wahrscheinlich um rund 40 Prozent, im Winter jedoch wesentlich langsamer abgenommen.
- Wie Gezeitenmessungen ergaben, ist der mittlere *globale Meeresspiegel* 10 bis 20 Zentimeter gestiegen.

Erst seit den späten 1950er Jahren gibt es ausreichende Messungen der *Wassertemperaturen unter der Meeresoberfläche*. Seitdem hat sich der globale Wärmegehalt der Ozeane erhöht.

Einige Folgen der Änderungen im Wärmehaushalt

Neben diesen unmittelbaren Auswirkungen des anthropogenen Treibhauseffekts auf den Wärmehaushalt der Erde finden im IPCC-Bericht des Jahres 2001 eine Reihe weiterer wichtiger Folgen des Klimawandels im 20. Jahrhundert Erwähnung:
- Wahrscheinlich haben die *Niederschläge über den Kontinenten* pro Jahrzehnt in den meisten Regionen mittlerer und hoher Breiten der Nordhemisphäre um 0,5 bis 1 Prozent, über den tropischen Landmassen hingegen nur um 0,2 bis 0,3 Prozent zugenommen, wobei jedoch in den Tropen im Verlauf der letzten Jahrzehnte kein Anstieg nachweisbar ist. Über dem Großteil der subtropischen Zonen der Landmasse der Nordhemisphäre hingegen sind die Regenfälle um 0,3 Prozent zurückgegangen.

Bei den Niederschlägen über der Südhemisphäre wurden keine vergleichbaren Änderungen der Mittelwerte in unterschiedlichen geographischen Breiten festgestellt.

Für eine Bestimmung von *Niederschlagstrends über den Ozeanen* gibt es keine ausreichenden Daten.
- Die *Zahl schwerer Niederschlagsereignisse* wie Hochwasserkatastrophen oder Hagelunwetter in mittleren und höheren Breiten

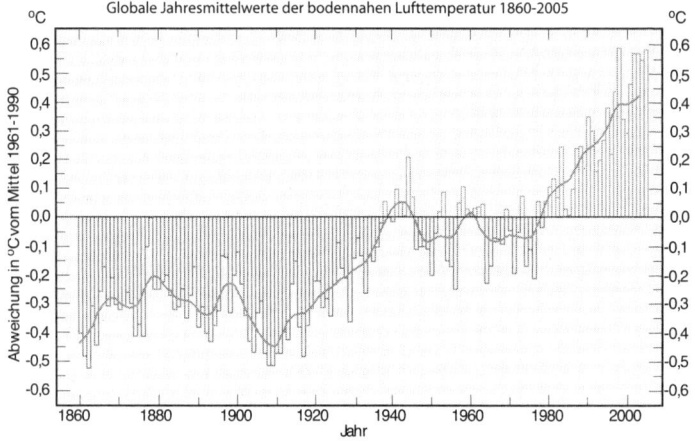

Abb. 8: Temperaturveränderungen in den Jahren 1860–2002

der Nordhemisphäre ist wahrscheinlich um 2 bis 4 Prozent gestiegen.
- Die *Wolkenbedeckung über den Landmassen* mittlerer bis hoher Breiten hat wahrscheinlich um 2 Prozent zugenommen.
- Seit Mitte der 1970er Jahre ist das *ENSO-Phänomen* häufiger, anhaltender und mit größerer Intensität aufgetreten als in den hundert Jahren zuvor. ENSO – zusammengesetzt aus El Niño/Southern Oscillation – ist ein Ereignis, bei dem sich in unregelmäßigen Abständen etwa alle drei bis sieben Jahre die Richtung der Luft- und Meeresströmungen zwischen der Westküste Südamerikas und Indonesien umkehrt, was nicht nur in den meisten Gebieten der Tropen und Subtropen, sondern selbst in mittleren Breiten zu schwerwiegenden Temperatur- und Niederschlagsschwankungen führt.
- Die *Häufigkeit und Intensität von Dürren* hat in einigen Gebieten vor allem Afrikas und Asiens in den letzten Jahrzehnten zugenommen.

Vorsichtig formuliert heißt es zusammenfassend im Syntheseberricht des IPCC für die politischen Entscheidungsträger: «Das Klimasystem der Erde hat sich seit der vorindustriellen Zeit sowohl auf globaler wie auch auf regionaler Ebene nachweislich verändert, und einige dieser Veränderungen sind auf menschliche Aktivitäten zurückzuführen.«

12 Klimawandel und Klimaschutz

In diesem Kapitel erfahren Sie,
- warum sich über den Polen «Ozonlöcher» bilden und was man dagegen unternimmt,
- welches die bislang wichtigsten Etappen auf dem Weg zum Klimaschutz waren,
- wer und was die USA unter George W. Bush veranlaßt, Vereinbarungen zur Reduzierung der Emission von Treibhausgasen abzulehnen,
- wie Treibhausgase Wirbelstürme verursachen,
- daß sich der Golfstrom spaltet und sich der Nordatlantikstrom bereits verlangsamt hat,
- warum die Zerstörung des tropischen Regenwaldes am Amazonas Folgen für das Klima Europas haben könnte.

Von Stockholm bis Wien

Auf der ersten Welt-Umweltkonferenz 1972 in Stockholm war beschlossen worden, alle Aktivitäten der Vereinten Nationen zur Beobachtung und Überwachung der Umwelt organisatorisch unter der Führung des UNEP in ein «Earthwatch»-Programm zu integrieren. Ziel war es, sämtliche von den im Rahmen des UN-Gesamtsystems arbeitenden Institutionen gewonnenen Umweltdaten zu sammeln, auszuwerten und zusammenzuführen. Mit Hilfe eigener Informationssysteme und Datenbanken wie GEMS (Global Environment Monitoring System), GRID (Global Resource Information Database), IRPTC (International Register of Potentially Toxic Chemicals) oder INFOTERRA sollten Veränderungen der Umwelt möglichst frühzeitig erkannt und wissenschaftliche Entscheidungsgrundlagen für umweltpolitische Maßnahmen geliefert werden.

1974, ein Jahr nach Gründung von Earthwatch, wiesen die Amerikaner Mario J. Molina (geb. 1943) und Sherwood F. Rowland (geb. 1927), die dafür 1995 zusammen mit dem Niederländer Paul J. Crutzen (geb. 1933) den Nobelpreis für Chemie erhielten, erstmals auf die Zerstörung von Ozonmolekülen in der Atmosphäre durch Chlor-Atome hin, wie sie beim Abbau industrieller Treibhausgase wie FCKW freigesetzt werden. Drei Jahre später veranstaltete das UNEP ein internationales Diskussionsforum über die Zerstörung des Ozonschildes. Daraufhin wurde schon 1978 in den USA ein Verbot für FCKWs als Treibgase in Sprühdosen erlassen, während in der Bundesrepublik Deutschland zwischen 1977 und 1979 der Einsatz des Gases auf dem Wege einer freiwilligen Selbstverpflichtung der Industrie erheblich reduziert wurde.

Obwohl der Wettersatellit *Nimbus 7* seit November 1978 fast täglich Meßdaten über den Zustand der Ozonschicht lieferte, entnahm man diesen zunächst keinerlei Hinweise auf ein Ozonloch über der Antarktis, da bei der automatischen Auswertung der Daten extrem niedrige Werte als «Meßfehler» ausgesondert worden waren. Erst nachdem Beobachtungen von Forschungsstationen in der Antarktis 1984 die Existenz eines Ozonlochs belegt und die Wissenschaftler der NASA ihre Daten überprüft hatten, erkannte man das ganze Ausmaß des Problems.

Die Meldungen über die Zerstörung der Ozonschicht, die alles Leben auf der Erdoberfläche vor der gefährlichen UV-Strahlung schützt, alarmierten die Weltöffentlichkeit, sodaß schon im März 1985 unter der Schirmherrschaft des UNEP in Wien die erste Konferenz zum Schutz der stratosphärischen Ozonschicht stattfand. Sie führte zur Unterzeichnung der «Wiener Konvention», welche die 21 Unterzeichnerstaaten zwar zu keinen konkreten Maßnahmen gegen die weitere Produktion ozonzerstörender Substanzen verpflichtete, aber bereits ein detailliertes Aktionsprogramm beinhaltete.

Das Ozonloch ist der bisher einzige Fall, in dem eine genaue Kenntnis des Wirkmechanismus Handeln nicht nur ermöglicht, sondern auch zum Handeln geführt hat. Damit steht es, gerade auch als positives Beispiel, exemplarisch für die gesamte Problematik des Klimawandels.

Die Entstehung des «Ozonlochs»

Seit 1985 wird beobachtet, daß die Ozonschicht in der Stratosphäre von September bis November über der Antarktis alljährlich stark abnimmt. In den 1990er Jahren wurde mehrmals von Februar bis April ein entsprechendes Phänomen auch in der arktischen Stratosphäre nachgewiesen. Derzeit betragen die jeweils nach dem Ende der Polarnacht auftretenden Verluste über dem Südpol bis 70, über dem Nordpol bis 50 Prozent des gesamten Ozons.

Der Grund für diesen Unterschied ist, daß der Ozonabbau vom Vorhandensein Polarer Stratosphärenwolken (Polar Stratospheric Clouds, PSC) abhängt, diese Eiswolken aber erst bei Temperaturen unter −78 °C entstehen. Daß derart tiefe Temperaturen im Südwinter regelmäßig, im Nordwinter jedoch nicht jedes Jahr auftreten, ist darauf zurückzuführen, daß die Temperaturen in der Stratosphäre über der Antarktis um rund 10 °C unter denen in der Arktis liegen.

Vor rund 23 Millionen Jahren, an der Grenze vom Eozän zum Oligozän, hatte durch die isolierte Lage und annähernd runde Form der Antarktis der Zirkumpolarstrom eingesetzt. Dadurch war es – infolge seiner thermischen Isolation – zur Vereisung des Südkontinents gekommen. Die extrem niedrigen Temperaturen während der Polarnacht bewirken nun ein Absinken der sich durch die Abkühlung verdichtenden Luftmassen und lassen in der Stratosphäre ein kräftiges Tiefdruckgebiet entstehen. Auf diese Weise wird die oben nachströmende Luft von der Corioliskraft im Uhrzeigersinn abgelenkt, und es kommt zu einer starken Westwindströmung, dem Polar Night Jet. So wie der Zirkumpolarstrom den Zustrom wärmerer Wassermassen blockiert, verhindert der Polarwirbel das Eindringen warmer Luftmassen aus niederen Breiten: Einmal in den Wirbel gelangt, bleibt die Luft darin lange genug über dem Pol gefangen, um für die Bildung von Stratosphärenwolken ausreichend abzukühlen.

In diesem meteorologisch nahezu abgeschlossenen Windsystem, das einige Kilometer über der Tropopause beginnt und in ungefähr 30 Kilometer Höhe endet, gibt es zu wenig Wasserdampf zur Wolkenbildung. Dafür finden sich hier von Vulkanausbrüchen und aus den Ozeanen stammende Schwefelsäure-Aerosole, die bei Temperaturen unter -78 °C Kristalle bilden, aus denen die Polaren Stratosphärenwolken bestehen und auf denen sich Wasser und Salpetersäure anlagern.

An den Oberflächen dieser Säurekristalle laufen in der Polarnacht heterogene chemische Reaktionen ab, durch die chemisch inaktive Substanzen – z. B. Chlornitrat ($ClONO_2$) und Chlorwasserstoff (HCl) –, sogenannte Reservoirgase, in Salpetersäure (HNO_3) und aktive Vorläufersubstanzen – z. B. Chlorgas (Cl_2) – umgewandelt werden, die nur im Dunkeln stabil sind.

Die Energie des Sonnenlichts spaltet die Vorläufersubstanzen im Frühjahr durch Photolyse, wobei große Mengen sogenannter hochreaktiver Radikale – z. B. Chloratome (Cl) – frei werden, die nun unter Bildung von Chlormonoxid (ClO) und molekularem Sauerstoff (O_2) um ein Vielfaches mehr Ozonmoleküle (O_3) spalten als neu gebildet werden können. Auf diese Weise erfolgt eine Ausdünnung der Ozonschicht, und es entsteht das trichterförmige «Ozonloch» – ein Prozeß, der erst durch die Erwärmung der polaren Stratosphäre und die Auflösung des Polarwirbels beendet wird.

Die Hauptrolle beim rapiden Abbau des Ozons spielen Radikale, die zu 80 Prozent aus Verbindungen anthropogener Treibhausgase stammen und deren bekannteste die Fluorchlorkohlenwasserstoffe (FCKW) und Halone (bromhaltige organische Verbindungen) sind, die wegen ihrer großen chemischen Stabilität unzersetzt in die Stratosphäre gelangen und dort auch noch lange bleiben.

Erderwärmung und «Ozonloch»

Im Prinzip verhält es sich über dem Nordpol genauso. Als Gründe dafür, daß es dort in der Stratosphäre jedoch etwa 10 °C wärmer ist und infolgedessen auch zu keinem so ausgeprägten – sich hier wegen der Corioliskraft gegen den Uhrzeigersinn drehenden – Polarwirbel und somit zu einem geringeren Ozonabbau kommt, gelten, daß

- der Nordpol nicht von Land bedeckt ist, sondern von Wasser,
- die Nordpolarregion im Gegensatz zur Antarktis großenteils von Landmassen umgeben ist, was wegen der durch die unterschiedliche Wärmekapazität von Wasser und Land verursachten Temperatur- und Druckunterschiede zu planetarischen Wellen in der

Stratosphäre führt, die den Polarwirbel stören und bewirken, daß wärmere Luft aus mittleren Breiten in das Polargebiet gelangt, es sich im Norden also strenggenommen um kein meteorologisch abgeschlossenes Windsystem handelt,
- die Überströmung von Nord nach Süd verlaufender Gebirgszüge die Stabilität des Wirbels beeinträchtigt,
- das Alëuten-Hochdruckgebiet über dem Nordpazifik den Polarwirbel in Richtung Europa verschiebt, sodaß sein Kälte- und Wirbelzentrum nicht mehr symmetrisch über dem Pol, sondern über Spitzbergen liegt.

Entgegen den anfänglichen Beobachtungen eines im Vergleich zum Südpol wesentlich schwächeren Polarwirbels über der Arktis war in jüngster Zeit festzustellen, daß sich inzwischen auch dort in der Polarnacht zunehmend stabile Kaltluftwirbel bilden. Als Ursache wird der Treibhauseffekt der letzten Jahre vermutet, da dieser zwar die Troposphäre erwärmt, zugleich aber zu einer Abkühlung der Stratosphäre beiträgt. Dies geschieht durch die thermische Ausdehnung der Tropopause, die Änderungen der Strömungen in der Stratosphäre bewirkt, was wiederum die dynamischen Bedingungen für die Entstehung und Aufrechterhaltung des Ozonlochs fördert. Darüber hinaus verstärkt der Ozonschwund selbst durch Rückkoppelung die Abkühlung der Stratosphäre, weil weniger Ozon auch weniger UV-Strahlung absorbiert und dadurch weniger Wärme frei wird. Modellrechnungen auf der Basis dieser Wechselwirkungen deuten auf eine künftige Verstärkung des Ozonlochs auch über der Nordhalbkugel hin.

Die Rettung des Ozonschildes

Dank der wachsenden Einsicht in die Prozesse, die im Ozonschild der Südhalbkugel periodisch ein mittlerweile über 10 Millionen Quadratkilometer großes Loch verursachen, aber auch auf der Nordhalbkugel – besonders stark im Frühjahr 2004 – immer wieder zu einem massiven Ozonabbau führen, verpflichteten sich im September 1987 auf der Internationalen Konferenz zum Schutz der Ozonschicht in Montreal 48 Staaten zur Verringerung der Produktion ozonzerstörender Substanzen wie FCKW oder Methylbromid bis 1999 um 50 Prozent. Dieses «Montrealer Protokoll», das bis 1990 von 56 Staaten ratifiziert wurde, enthielt erstmals konkrete Vorgaben für Emissionseinschränkungen. Da sich bald zeigte, daß die Bestimmungen nicht ausreichten, folgten weitere, verschärfte Regelungen in London (1990), Kopenhagen (1992) und Peking (1999), wodurch die fortschreitende Zerstörung des Ozonschildes gestoppt wurde und der Anteil an stratosphärischem Chlor allmählich sogar sinkt.

Tatsächlich scheint der negative Trend durch den deutlichen Rückgang der Emission ozonschädigender Gase gebremst zu sein und die Konzentration dieser Stoffe jährlich um etwa 1 Prozent abzunehmen. Eine zuverlässige Voraussage, wann sich das Ozonloch wieder vollkommen schließen könnte, ist, wie Modellrechnungen zeigen, jedoch sehr schwierig, da die Entwicklung nicht allein von der Unterbindung der Emission von Chlor- und Bromverbindungen abhängt, sondern auch von einer Reihe anderer Faktoren wie der Erwärmung der Troposphäre. Hinzu kommen die bislang noch weitgehend unerforschten Auswirkungen von Flugzeugabgasen auf die Luftchemie der Stratosphäre und die Stratosphärenwolken vor allem auf der Nordhemisphäre.

Wie wichtig die Abkommen zum Schutz des Ozonschildes sind, zeigt sich an den seit Jahren in höheren Breiten beobachteten Wirkungen aggressiver UV-Strahlung wie der signifikanten Zunahme von Hautkrebs, dem Auftreten von «Sonnenbrand» bei Pflanzen und Tieren oder dem Rückzug mariner Mikroorganismen in tiefere Gewässerzonen. Zumal Letzteres könnte gravierende Folgen haben, da eine Schädigung des Phytoplanktons der nährstoffreichen Polarmeere nicht nur eine Dezimierung der Fischbestände, sondern auch eine Störung der gesamten Nahrungskette nach sich zöge.

Doch selbst wenn die Gefahren, die von der Zerstörung der Ozonschicht drohen, noch lange nicht gebannt sein dürften, sind die von der internationalen Staatengemeinschaft ergriffenen Maßnahmen gleichwohl ein ermutigendes Beispiel dafür, daß, wenn eine Gefahr erkannt ist und die Einsicht in die Notwendigkeit gemeinsamen Handelns wächst, durchaus etwas zum Schutz von Umwelt und Klima getan werden kann.

Von Wien bis Rio

Freilich handelt es sich beim Ozonloch um ein – gemessen an dem auf Emissionen von Kohlendioxid zurückzuführenden Treibhauseffekt – vergleichsweise einfaches Problem, genügte als Gegenmaßnahme doch im wesentlichen ein weltweites Verbot einiger weniger, erst seit den dreißiger Jahren des 20. Jahrhunderts produzierter, jedoch relativ leicht ersetzbarer chemischer Substanzen.

Beim Kohlendioxid hingegen handelt es sich um ein Gas, dessen Freisetzung bei der Verbrennung fossiler Energieträger unvermeidlich ist. Das einzige Mittel, eine weitere Klimaerwärmung durch anthropogenes CO_2 zu verhindern, wäre also im Grunde ein völliger Verzicht auf den Einsatz von Kohle, Erdöl und Erdgas. Dieser Weg aber ist auf absehbare Zeit nicht gangbar, beruhen doch alle Wirtschafts- und Gesellschaftssysteme – mit Ausnahme der vorindustriellen und daher gern als «rückständig» oder «unterentwickelt» eingestuften – heute auf der nahezu unbeschränkten Nutzung fossiler Brennstoffe als wichtigster Energiequelle.

Da ein radikaler Verzicht auf fossile Brennstoffe unweigerlich den Zusammenbruch des weltwirtschaftlichen Gefüges zur Folge hätte, wie es sich durch die Industrielle Revolution entwickelt hat, wäre ein entsprechendes Verbot weder durchsetzbar noch wünschenswert. Stattdessen gilt es zunächst, die CO_2-Emissionen so stark wie irgend möglich zu verringern und zugleich Energiequellen zu erschließen, die in der Zukunft weder zu einer weiteren Erderwärmung noch zu anderen Umweltschäden führen. Eben dies sind die Ziele der zahllosen nationalen und internationalen Konferenzen und Forschungsprojekte, die seit über einem Vierteljahrhundert Politiker wie Wissenschaftler rund um den Globus in Atem halten.

Stand die Wiener Konferenz von 1985 am Beginn des Weges zum Schutz der Ozonschicht, so markiert die Weltklimakonferenz vom Februar 1979 in Genf durch die Gründung des Weltklimaprogramms (World Climate Programme, WCP) den Anfang intensiver internationaler Bemühungen um ein wissenschaftlich begründetes Verständnis der bereits verursachten und künftig zu erwartenden Veränderungen des globalen Klimas infolge des Anstiegs der anthropogenen CO_2-Konzentration in der Atmosphäre. 1988 folgten in Toronto die 1. Weltklimakonferenz (Klimakonferenz über Veränderungen der Atmosphäre), die zu sofortigem Handeln zur Bekämpfung der rapiden Erderwärmung aufrief, und die Gründung des IPCC sowie 1990 in Genf die 2. Weltklimakonferenz, auf der es auch um den Schutz der Ozonschicht ging. Die internationalen Bemühungen um den Klimaschutz fanden dann im Juni 1992, genau zwanzig Jahre nach Stockholm, ihren ersten Höhepunkt mit der Konferenz der Vereinten Nationen über Umwelt und Entwicklung (United Nations Conference on Environment and Development, UNCED) in Rio de Janeiro.

Der Erdgipfel von Rio

Auf dem «Erdgipfel» von Rio, an dem rund 10 000 Delegierte aus 178 Staaten teilnahmen, wurden fünf Dokumente verabschiedet:
- die *Agenda 21*, ein Aktionsprogramm für alle Bereiche von Umwelt und Entwicklung,
- die *Deklaration über Umwelt und Entwicklung* (Rio Declaration on Environment and Development), kurz: Rio-Deklaration,
- die *Konvention über biologische Vielfalt* (Convention on Biological Diversity), kurz: Artenschutz-Konvention,
- die *Waldgrundsatzerklärung* (Statement of Principles on Forests), kurz: Wald-Deklaration, und
- die *Rahmenkonvention zum Klimawandel* (United Nations Framework Convention on Climate Change, UNFCCC), kurz: Klimarahmenkonvention.

Hauptziel der Klimarahmenkonvention, die in wesentlichen Teilen auf dem ersten Bericht des IPCC von 1990 basiert, war die Stabilisierung der Treibhausgase in der Atmosphäre auf Werte, die das globale Klimasystem nicht gefährlich aus dem Gleichgewicht bringen und den Ökosystemen erlauben, sich dem Klimawandel auf natürliche Weise anzupassen, um sicherzustellen, daß die Nahrungsmittelproduktion nicht gefährdet und eine nachhaltige wirtschaftliche Entwicklung ermöglicht wird.

So vage und rechtlich unverbindlich die Konvention, die 1994 in Kraft trat, auch war, so lieferte sie doch den inhaltlichen wie institutionellen Rahmen für alle künftigen internationalen Bemühungen um Klimaschutz: Seit 1995 kommen ihre Vertragsstaaten alljährlich zu einer Vertragsstaatenkonferenz (Conference of the Parties, COP) zusammen, dem höchsten Gremium der Klimarahmenkonvention, die als vordringlichste Maßnahme die Senkung der CO_2-Emissionen der Industriestaaten bis zum Ende des Jahrzehnts auf das Niveau von 1990 vorsah.

Von Rio bis Kyoto

Die erste Vertragsstaatenkonferenz 1995 in Berlin (COP 1) verabschiedete als ihr wichtigstes Resultat das «Berliner Mandat», in dem festgestellt wurde, daß die Vorgaben von Rio nicht ausreichen und die Industriestaaten die Hauptverantwortung für den Klimaschutz trügen. Eine Ad-Hoc-Gruppe wurde beauftragt, innerhalb von zwei Jahren Vorschläge für verbindliche Vorgaben und Fristen für die Verringerung der Treibhausgas-Emissionen zu erarbeiten.

Die COP 2 in Genf im Jahr darauf brachte zwar keine großen Fortschritte, doch wurden mit der «Genfer Erklärung» von der Mehrheit der Teilnehmer die Erkenntnisse des zweiten IPCC-Berichts vom Dezember 1995 und damit erstmals ein «erkennbarer menschlicher Einfluß auf das globale Klima» offiziell anerkannt. Dies ebnete den Weg für die COP 3 im Dezember 1997 in Japan, wo mit dem sogenannten «Kyoto-Protokoll» der bislang größte Schritt in Richtung auf eine völkerrechtlich verbindliche Begrenzung bzw. Verringerung der Emission anthropogener Treibhausgase getan wurde.

Das Kyoto-Protokoll

Mit dem Kyoto-Protokoll verpflichteten sich die Industriestaaten als Gruppe, die Emission der Treibhausgase Kohlendioxid (CO_2), Methan (CH_4), Lachgas (N_2O) und Schwefelhexafluorid (SF_6) sowie der – als Ersatz für ozonschädigende FCKW eingesetzten – chlorfreien Fluorkohlenwasserstoffe (FKW) und halogenierten Fluorkohlenwasserstoffe (H-FKW) im Zeitraum zwischen 2008 und 2012 um durchschnittlich 5,2 Prozent unter den Wert von 1990 zu senken. Dabei handelten einzelne Länder für sich z. T. recht unterschiedliche Vorgaben aus. So legten sich die EU insgesamt auf eine Reduktion von 8 Prozent – das entspricht rund 350 Millionen Tonnen –, die USA auf 7, Japan und Kanada auf je 6 Prozent fest, während Rußland und die Ukraine zusagten, das Niveau von 1990 nicht zu überschreiten. Die Entwicklungsländer einschließlich Indiens und der Volksrepublik China hingegen akzeptierten keinerlei Begrenzung.

Ausgehend von der Überlegung, daß Treibhausgase infolge der Vermischung der Atmosphäre global wirken und es daher letztlich unerheblich ist, wo auf der Erde die Emissionen reduziert werden, wurden zur Erreichung dieser Ziele drei flexible Mechanismen entwickelt:

1. Handel mit Emissionsrechten
Ähnlich wie der Wert von Unternehmen in Aktien gestückelt wird, wurde die zulässige Gesamtmenge der Emissionen eines Landes in Zertifikate aufgeteilt. Diese Emissionszertifikate, die dann einzelnen Unternehmen entsprechend ihren bisherigen Emissionen zugeteilt werden, müssen von Unternehmen, die ihre Verpflichtung zur Reduktion der Emission nicht erfüllt haben, solchen Unternehmen abgekauft werden, welche diese bereits erfüllt haben. Auf diese Weise soll mit marktwirtschaftlichen Mitteln erreicht werden, die Schadstoffemissionen zu reduzieren und umweltfreundlichere Technologien durchzusetzen. Das auf die Industriestaaten beschränkte System erlaubt darüber hinaus auch zwischenstaatlichen Emissionshandel.

2. Gemeinsame Umsetzung (Joint Implementation)
Finanziert ein Industriestaat in einem anderen Maßnahmen, die dessen Emissionen reduzieren, hat ersterer das Recht, sich die Emissionsminderung als Einsparung anrechnen zu lassen und selbst entsprechend mehr zu emittieren.

3. Mechanismus für umweltverträgliche Entwicklung
Durch diesen Mechanismus (Clean Development Mechanism, CDM) können Industriestaaten das Recht erwerben, mehr Treibhausgase zu emittieren, wenn sie Maßnahmen zur Emissionsminderung in Entwicklungsländern finanzieren, die selbst keine Verpflichtung zur Reduzierung von Emissionen eingegangen

sind. Voraussetzung ist allerdings, daß diese Maßnahmen die nachhaltige Entwicklung des betreffenden Landes fördern. Das Kyoto-Protokoll sollte erst nach der Ratifizierung durch mindestens 55 Staaten, die zusammen für mindestens 55 Prozent des im Jahr 1990 emittierten anthropogenen Kohlendioxids verantwortlich waren, in Kraft treten. Mit der Ratifikation durch Island am 23. Mai 2002 war die erste, mit der Ratifikation durch Rußland am 18. November 2004 auch die zweite Hürde genommen. Neunzig Tage später, am 16. Februar 2005 trat es daraufhin in Kraft, nunmehr ratifiziert von 141 Staaten, die zusammen für 62 Prozent der CO_2-Emissionen verantwortlich waren und 85 Prozent der Weltbevölkerung repräsentierten.

Lediglich unterzeichnet, nicht aber ratifiziert wurde das Abkommen bislang nur von vier Industrieländern. Australien, Kroatien, das Fürstentum Monaco und die USA, der mit gut einem Viertel des weltweiten Ausstoßes bei weitem größte Emittent von Treibhausgasen und mittlerweile schärfste Kritiker des Kyoto-Protokolls, weigern sich, dem Vertrag beizutreten.

Die Stunde der Wahrheit

Als der entschiedenste Gegner eines Beitritts der Vereinigten Staaten profilierte sich Haley Barbour, der Gouverneur des US-Bundesstaates Mississippi: Am 1. März 2001, nur zwei Tage nachdem die Leiterin des US-Umweltamtes (Environmental Protection Agency, EPA), Christine Todd Whitman, mit einer Erklärung Präsident George W. Bush an sein im Wahlkampf des Vorjahres gegebenes Versprechen erinnert hatte, Obergrenzen für den CO_2-Ausstoß der USA gesetzlich festzulegen, wandte sich Barbour mit einer «Bush-Cheney Energiepolitik & CO_2» überschriebenen Stellungnahme an den Vizepräsidenten, in der es heißt: «Die Stunde der Wahrheit nähert sich in Gestalt der Entscheidung darüber, ob die Politik dieser Regierung CO_2 als einen Schadstoff einstuft und/oder besteuert. Die Frage ist, ob die Umweltpolitik unter Bush–Cheney noch immer wie unter Clinton-Gore Vorrang vor der Energiepolitik hat.»

Barbours Schreiben, in dem er schon die Vorstellung von einer Begrenzung der CO_2-Emissionen als Öko-Extremismus bezeichnete, zeitigte sehr schnell Wirkung: Bereits am 13. März 2001 verkündete Bush unter Berufung auf eine angebliche «Energiekrise», er werde nun doch keine gesetzliche Festschreibung von Grenzen für den CO_2-Ausstoß unterstützen, wobei er behauptete, die wissenschaftlichen Erkenntnisse über den Klimawandel seien unvollständig, und erklärte, Kohlendioxid sei kein Schadstoff im Sinne des Gesetzes über die Reinheit der Luft.

Hiermit war die Richtung für die künftige Klima-Politik der USA unter der Regierung Bush vorgegeben: Ausstieg aus dem Kyoto-Protokoll. Von nun an sperrte sie sich nicht nur gegen jede gesetzliche Regelung zur Reduzierung von Emissionen anthropogener Treibhausgase, sondern bestritt darüber hinaus jeglichen Zusammenhang zwischen diesen und globaler Erwärmung. Dabei ignorierte sie eine von ihr selbst in Auftrag gegebene und am 6. Juni 2001 veröffentlichte Studie der Nationalen Akademie der Wissenschaften (National Academy of Sciences, NAS), in der elf führende US-Klimaforscher erklärt hatten, in der Wissenschaft herrsche breiter Konsens darüber, daß ein von Menschen verursachter Klimawandel im Gange sei, der, wenn nichts dagegen unternommen würde, schwerwiegende Folgen für die Ökosysteme und die Menschheit haben könnte. Damit nicht genug, leugnete das Weiße Haus gar die Stichhaltigkeit der NAS-Studie, strich aus ihr alle Hinweise auf eine globale Erwärmung und ersetzte diese durch Behauptungen aus einer Veröffentlichung des American Petroleum Institute, der Interessenvertretung der amerikanischen Erdöl- und Erdgasindustrie, die bestritt, daß es überhaupt eine globale Erwärmung gebe.

Nachdem die eng mit der Energiewirtschaft verflochtene Regierung Bush–Cheney nicht nur Informationen über den Klimawandel und die mit diesem einhergehenden Gefahren, sondern auch ihr nicht genehme Fakten anderer Bereiche systematisch unterdrückte, gab die Vereinigung besorgter Wissenschaftler (Union of Concerned Scientists, UCS) am 18. Februar 2004 eine Erklärung heraus, in der über sechzig führende amerikanische Wissenschaftler – darunter zahlreiche Nobelpreisträger – der Regierung vorwarfen, sie manipuliere, verfälsche und zensiere die wissenschaftliche Forschung und führe die Öffentlichkeit über die Implikationen ihrer Politik in die Irre. Nie zuvor sei die Forschung in den USA derart politischen

Zielen untergeordnet worden, heißt es in dem bis Ende 2005 von über 8000 Wissenschaftlern unterschriebenen Protest, in dem die Verdrehung der Tatsachen bei der Klimaforschung breiten Raum einnahm.

Wer Wind sät ...

Hatte die vom Weißen Haus beauftragte NAS ausdrücklich die Richtigkeit der im dritten IPCC-Bericht von 2001 zusammengefaßten Forschungsergebnisse und Einschätzungen bestätigt und dem IPCC für seine umfassende und ausgewogene Darstellung des Problems höchstes Lob gezollt – worauf Präsident George W. Bush mit allen Mitteln versucht hatte, die von ihm selbst berufenen Wissenschaftler mundtot zu machen und ihre Aussagen auf den Kopf zu stellen –, so hatte Bushs Mentor und Wahlkampfstratege Haley Barbour, der ehemalige Vorsitzende des Nationalen Ausschusses der Republikanischen Partei (National Republican Committee, NRC) und Lobbyist für die Tabak-, Pharma- und Erdölindustrie, Anfang September 2005 Gelegenheit, im Fernsehen händeringend und mit den Tränen kämpfend die Verwüstungen zu beklagen, die der Wirbelsturm Katrina kurz zuvor in Mississippi und den benachbarten Bundesstaaten Louisiana und Alabama angerichtet hatte.

Allerdings erwähnte Barbour, dem Ambitionen auf die Präsidentschaftskandidatur der Republikaner im Jahr 2008 nachgesagt wurden, mit keinem Wort den Zusammenhang zwischen der beobachteten Zunahme der Häufigkeit und Stärke der Stürme und der steigenden Konzentration anthropogener Treibhausgase in der Atmosphäre. Vielleicht, schrieb der Anwalt für Umweltrecht, Robert F. Kennedy Jr., am 29. August 2005 in einem Artikel in der Huffington Post mit der Überschrift «Wer Wind sät, wird Sturm ernten», war es ja Barbours Forderung, die Interessen der US-Energiewirtschaft über den Klimaschutz zu stellen, die Katrina «dazu bewogen hat, im letzten Moment von New Orleans abzudrehen und ihre größte Zerstörungskraft für die Küste von Mississippi aufzusparen».

Die ironische Anspielung des Neffen John F. Kennedys auf die Warnung des Propheten Hosea, der Zorn des HERRN werde über die kommen, die sich gegen seine Gebote auflehnten, war zugleich eine Anspielung auf Warnungen Pat Robertsons, eines der einflußreichsten US-Fernsehprediger – des Anführers der religiösen Rechten in der Republikanischen Partei und Gründers der evangelikalfundamentalistischen Christian Coalition sowie des Amerikanischen Zentrums für Recht und Gerechtigkeit (American Center for Law and Justice) – in seiner populären Talkshow «The 700 Club» immer wieder mehr oder weniger direkt ausgesprochen hat: daß Naturkatastrophen wie Wirbelstürme und Erdbeben eine Strafe Gottes seien, allem voran für Homosexualität. Gänzlich ohne jede Ironie behauptete Pat Robertson sogar, der Hurrikan Katrina – der die Wassermassen auftürmte, die New Orleans Dämme brechen ließen – habe die Stadt verwüstet, weil sie der Ort der sündigen Jazz-Musik sei, welche, wie jeder Christ wisse, die Menschen in ewige Verdammnis stürze.

Tropische Wirbelstürme

Während Hochwürden Robertson verkündet, Gebete – vor allem natürlich seine – könnten Naturkatastrophen abwenden und Präsident Bush glaubt, unmittelbar von Gott berufen zu sein und Anweisung erteilt, Ergebnisse der Klimaforschung in ihr Gegenteil zu verkehren, gilt es in der Wissenschaft als weitgehend sicher, daß die signifikante Zunahme schwerer Wirbelstürme seit Mitte der 1980er Jahre auf die anthropogene Änderung der chemischen Zusammensetzung der Atmosphäre durch die Emission von Kohlendioxid, Methan und Lachgas zurückzuführen ist.

Der Energieaustausch zwischen der durch den zusätzlichen Treibhauseffekt stark aufgeheizten Troposphäre und den Ozeanen führt nämlich – zumal in den ohnehin besonders warmen tropischen Gewässern der Karibik und des Golfes von Mexiko – zu einem Anstieg der Wassertemperaturen auf über 27 °C. Das aber ist der Mindestwert, von dem an genug Wasser verdunstet und als Dampf ausreichend schnell emporsteigt, um die unten nachströmende und dabei durch die Coriolis-Kraft abgelenkte Luft einen spiralförmigen Wirbel, einen Zyklon bilden zu lassen. In solche Tiefdruckgebiete strömt die Luft an der Meeresoberfläche um so schneller ein, je höher die Wassertemperatur und infolgedessen die Verdunstungs-

Klimawandel und Klimaschutz

rate ist. Bei einer Wassertemperatur von 34 °C kann ein Zyklon – im Atlantik Hurrikan, im Westpazifik Taifun genannt – Windgeschwindigkeiten von bis zu 380 Stundenkilometern erreichen und beim Landfall entsprechend verheerende Verwüstungen anrichten, bevor er sich mit starken Regenfällen auflöst, da über dem Festland der Nachschub an feuchter Luft fehlt.

Weil die Corioliskraft am Äquator nicht bzw. nur sehr gering wirkt, entwickeln sich tropische Wirbelstürme erst ab etwa dem 5. Grad nördlicher oder südlicher Breite.

Wasserdampf und Meeresspiegel

Höhere Luft- und Wassertemperaturen haben außer mehr und heftigeren Stürmen und Niederschlägen jedoch eine Reihe weiterer Folgen, denn die Verdunstungsrate und damit die Wasserdampfkonzentration in der Atmosphäre steigt nichtlinear mit zunehmender Wärme und Windgeschwindigkeit exponentiell an. Da Wasserdampf als Treibhausgas vor allem in großen Höhen wirkt, wohin es gerade in Äquatornähe und dort zudem verstärkt durch die Sogwirkung der Zyklone gelangt, wird die Erde auf diese Weise – indirekt anthropogen – durch Rückkoppelung zusätzlich erwärmt.

Hinzu kommt, daß durch die thermische Ausdehnung der Wassersäule der Meeresspiegel steigt, wodurch wiederum die Meeres- und folglich auch die Verdunstungsfläche und mit ihr der Anteil von Wasserdampf an der Atmosphäre weiter zunimmt.

Wie Berechnungen aufgrund von Pegelmessungen ergaben, ist von dem Anstieg des Meeresspiegels im Laufe des letzten Jahrhunderts um bis zu 16 Zentimeter bei einem globalen Temperaturanstieg von rund 0,6 °C etwa ein Drittel auf die Erwärmung der Ozeane, ein weiterer Anstieg in vergleichbarer Höhe auf das Abschmelzen der Gletscher sowie des Grönlandeises zurückzuführen. Für den Rest sind vermutlich diverse, bislang weitgehend ungeklärte Veränderungen im Haushalt terrestrischer Wasserspeicher wie Grundwasser, Permafrost und Stauseen verantwortlich. Im Mittel wird der Anstieg auf 1,8 Millimeter pro Jahr geschätzt.

Abschwächung des Atlantischen Förderbandes

Während in der Karibik und im Golf von Mexiko durch den Anstieg der Luft- und Wassertemperaturen die Verdunstung und als deren Folge auch der Salzgehalt des Meerwassers steigt, kommt es im Nordatlantik durch erhöhte Niederschläge und den vermehrten Zustrom von Schmelzwasser zu einer Abnahme der Salinität und damit zu einer Verringerung der Wasserdichte. Je weniger dicht aber Wasser ist, desto weniger sinkt es ab, sodaß sich der Sog und mit ihm die thermohaline Zirkulation abschwächt, durch die das warme Oberflächenwasser als Nordatlantikstrom bis zur Schelfregion der Barentsee gezogen wird, wo es stark abkühlt und von wo es als unterseeischer Wasserfall in die bis 5000 Meter tiefen arktischen Becken stürzt, um von dort als kalte Tiefenströmung durch die Fram-Straße nach Süden zurückzufließen.

Dieses auch Atlantisches Förderband genannte Strömungssystem, das als Antriebspumpe gleichsam das Herzstück jenes Großen Marinen Förderbandes darstellt, das alle drei Weltmeere durch einen globalen Wasser- und Wärmeaustausch miteinander verbindet und so das Klima weltweit beeinflußt, scheint sich in den letzten Jahrzehnten aufgrund des verringerten Salzgehaltes erheblich abgeschwächt zu haben: Wie Harry Bryden und Stuart Cunningham vom britischen Zentrum für Ozeanographie (National Oceanography Centre, NOC) in Southampton in einem am 1. Dezember 2005 in der Zeitschrift *Nature* veröffentlichten Aufsatz berichteten, wurde durch Messungen von Temperatur, Salzgehalt, Druck und Fließgeschwindigkeit des Atlantikwassers, die in den Jahren 1957, 1981, 1992, 1998 und 2004 auf einer ungefähr dem 25. Grad nördlicher Breite folgenden Strecke von Afrika über die Kanarischen Inseln bis Florida in verschiedenen Tiefen und in Abständen von jeweils etwa 50 Kilometern vorgenommen worden waren, erstmals nachgewiesen, daß sich das Volumen der südwärts gerichteten Strömung in Tiefen zwischen 3000 und 5000 Metern seit der Mitte des 20. Jahrhunderts um über ein Drittel verringert hat.

Da die Ursache für eine derartige Abschwächung der Tiefenströmung an ihrem Ursprung zu suchen ist, deutet dies auf eine – wie oben beschrieben – entsprechend reduzierte Absink- und Sogwirkung im Arktischen Ozean. Sollte dies der Fall sein, hieße dies, daß sich auch der Nordatlantikstrom abschwächt und mit ihm die «Fernheizung», der Nordeuropa sein gemäßigtes, um durchschnittlich 3 bis 5 °C wärmeres Klima verdankt, als seine geographische Höhe erwarten ließe: Deutschland liegt immerhin so weit nördlich wie die Insel Neufundland.

Die Spaltung des Golfstroms

Ob der Nordatlantikstrom tatsächlich auf Dauer abnimmt und, wenn ja, ob dies im wesentlichen auf den anthropogenen Treibhauseffekt zurückzuführen ist, läßt sich derzeit noch nicht mit Sicherheit sagen, auch wenn es deutliche Anzeichen dafür gibt. Zudem gehen die Ansichten darüber auseinander, welche Folgen es haben könnte, sollte sich die warme Strömung weiter verlangsamen, die Absinkzone nach Süden verlagern oder der Nordatlantikstrom eines Tages ganz zum Erliegen kommen: Die Frage ist, ob es in Europa infolge der Klimaerwärmung womöglich zu einem plötzlichen Kälteeinbruch kommt oder – im Gegenteil – vermehrt zu Hitze- und Dürreperioden wie im Sommer 2003 in Europa, worauf die sich häufenden Wärmerekorde der letzten Jahre deuten könnten.

Langfristige Prognosen der globalen Klimaentwicklung sind schon deshalb schwierig, weil dieselben Ursachen regional völlig unterschiedliche Wirkungen haben können. Ein Beispiel dafür ist nicht nur, daß der verstärkte Frischwassereintrag in den Arktischen Ozean, der den Sog in der Absinkzone reduziert, die Zufuhr warmen, salzhaltigen Tropenwassers an Europa vorbei in den Nordatlantik bremst, sondern auch, daß die Schwächung des Nordatlantikstroms zugleich offenbar dazu geführt hat, daß sich der Golfstrom in zwei Teilströme aufspaltet.

Wie Messungen mit ausgedienten, am Meeresboden zwischen Florida und den Bahamas verlegten unterseeischen Telefonkabeln zeigen, hat sich der vor der Küste Nordamerikas hauptsächlich von Winden angetriebene Golfstrom, der pro Sekunde rund 30 Millionen Kubikmeter Wasser transportiert, nämlich nicht abgeschwächt. Vielmehr teilt er sich, abgelenkt vom kalten Labradorstrom, mitten im Atlantik in zwei Arme, von denen der eine als Nordatlantikstrom weiterhin nach Nordosten an Europa vorbei in die Arktis fließt, während der andere in einem großen Bogen nach Osten zur westafrikanischen Küste strömt, wo er nach Süden abdreht, um schließlich in die Karibik zurückzukehren. Wie die Messungen Brydens und seines Teams vom NOC zeigen, hat die Menge des im subtropischen Atlantik in großer Tiefe nach Süden fließenden Kaltwassers etwa im selben Maße abgenommen, wie die Menge des warmen, nicht mehr nach Norden in das Große Marine Förderband eingespeisten und nur noch im subtropischen Atlantik zirkulierenden Wassers zugenommen hat.

Golfstrom und Dürre in Westafrika

Daß durch die Teilung des Golfstromes ein Großteil der gigantischen, pro Sekunde von seinen Wassermassen verfrachteten Wärmemenge, die ungefähr der Gesamtleistung von einer Million Großkraftwerken mit je 3000 Megawatt entspricht, statt nach Europa zu gelangen, nun zwischen Afrika und der Karibik zirkuliert und damit diese subtropische Zone zusätzlich aufheizt, kann nicht ohne Auswirkungen auf die Wettersysteme Afrikas und Mittelamerikas bleiben.

Welcher Art diese sein könnten, ist zwar noch weitgehend unbekannt, doch wird die rapide Abnahme der Niederschlagsmengen vor allem in der Sahelzone Westafrikas von manchen Forschern mit einem regionalen Klimawandel als Folge der veränderten Strömungsverhältnisse im Atlantik in Verbindung gebracht. Die Zunahme heftiger Regenfälle in Ostafrika wird hingegen mit dem seit den siebziger Jahren des 20. Jahrhunderts immer häufiger und mit größerer Intensität auftretenden ENSO-Phänomen im Pazifik erklärt.

Wie komplex die Zusammenhänge im globalen Klimageschehen sind, läßt sich erahnen, wenn man bedenkt, daß ENSO darüber hinaus mit der Nordatlantischen Oszillation (North Atlantic Oscillation, NAO) verbunden ist, der Luftdruckschwankung zwischen dem Island-Tief und dem Azoren-Hoch. Bedingt durch diese globale Kopplung (Telekonnektion) lassen sich beispielsweise auch bestimmte winterliche Wettersituationen (Wetterlagen) in Europa auf ENSO-Ereignisse zurückführen.

Klimawandel und Klimaschutz

Wärmepumpe Regenwald

Während die Bedeutung der tropischen Regenwälder für das Klima wegen ihrer Funktion als CO_2-Senken und Sauerstoff-Produzenten allgemein bekannt ist, fand der Amazonas-Regenwald als Wärmepumpe für den Golfstrom bislang kaum Beachtung.

Im thermodynamischen System des Nordatlantischen Förderbandes spielt er jedoch insofern eine wichtige Rolle, als von den Niederschlägen, die das Amazonas-Becken aus der Innertropischen Konvergenzzone, in der Nordost- und Südostpassat zusammenströmen, vom Atlantik bezieht, weniger als ein Viertel über die Flüsse in den Atlantik zurückfließt. Während rund die Hälfte des Regenwassers von der Vegetation aufgenommen wird, wird fast der gesamte Rest durch die Kette der Anden daran gehindert, über dem Pazifik abzuregnen und statt dessen nach Süden und Norden abgelenkt, wobei der nördliche Wind- und Wolkenstrom die überschüssige Wärme und Feuchtigkeit aus den Tropen in Richtung Karibik leitet.

Sollte die Vernichtung des Regenwaldes, wie sie seit Anfang der 1970er Jahre zu beobachten ist, weitergehen, hätte dies also nicht nur die Austrocknung Amazoniens, des nach den polaren Eiskappen größten Süßwasserreservoirs der Welt, zur Folge, wie sie sich bereits in der Dürrekatastrophen der Jahre 1995, 1997 und 2005 im Gebiet der Dschungelmetropole Manaus ankündigte, sondern mit Sicherheit auch Auswirkungen auf das Wettergeschehen im Golf von Mexiko und damit auf den Golfstrom.

Auf einen Zusammenhang zwischen dem Golfstrom und dem Wasserkreislauf im Amazonas-Becken deutet auch der Umstand, daß in Eiszeiten, wenn der Nordatlantikstrom unterbrochen war und der Meeresspiegel über 100 Meter tiefer lag als heute, in diesem Gebiet ein wesentlich trockeneres Klima herrschte. Wenn in hohen nördlichen Breiten leichteres Wasser nicht mehr absinken und für das aus dem Golfstrom stammende warme Wasser Platz machen konnte, führte dies im Norden anscheinend zu weiterer Abkühlung, in den tropischen Regionen des westlichen und südlichen Atlantiks hingegen zu einem Wärmestau.

Von Kyoto bis Montreal

Angesichts der Tatsache, daß es immer weniger berechtigte Zweifel daran geben kann, daß ein durch den Menschen verursachter Klimawandel längst in vollem Gange ist, und in Anbetracht der Geschwindigkeit, mit der sich dieser vollzieht, wird es immer dringlicher, die komplexen Wechselwirkungen zu verstehen, die zu diesen Veränderungen führen, und zugleich keine Zeit zum Handeln zu verlieren, solange ein Gegensteuern noch möglich scheint.

Die auf Kyoto folgenden Vertragsstaatenkonferenzen 1998 in Buenos Aires (COP 4), 1999 in Bonn (COP 5) und 2000 in Den Haag (COP 6) zeigten jedoch allesamt, wie schwierig es ist, zu einer weltweiten Einigung über Maßnahmen zum Klimaschutz zu kommen, deren Implementierung sich unmittelbar auf die divergierenden wirtschaftlichen Interessen der Industrieländer wie der Entwicklungsländer auswirken muß. Vor allem das Treffen in Den Haag ließ die Gegensätze bei der Umsetzung des Kyoto-Protokolls so offen zutage treten, daß die Konferenz ohne gemeinsame Grundsatzerklärung vertagt und im Juli 2001 als COP 6/2 in Bonn fortgesetzt werden mußte.

Auf der Bonner Teilkonferenz sollte es jedoch – wenngleich um den Preis einer Reihe inhaltlicher Abstriche – endlich gelingen, zu einer Einigung zu kommen, die – trotz des kurz zuvor erfolgten Ausstiegs der USA unter der Regierung Bush – die Voraussetzung für die Ratifikation und Umsetzung des Kyoto-Protokolls sowie die Fortsetzung des Verhandlungsprozesses schuf. Darauf folgten im November 2001 COP 7 in Marrakesch, 2002 COP 8 in Neu Delhi, 2003 COP 9 in Mailand, 2004 COP 10 in Buenos Aires und 2005 schließlich COP 11 in Montreal.

Der Klimagipfel von Montreal

Die 11. Vertragsstaatenkonferenz der UN-Klimarahmenkonvention vom 28. November bis 9. Dezember 2005 mit rund 10 000 Delegierten und Beobachtern aus 188 Ländern sowie der EU war die erste nach Inkrafttreten des Kyoto-Protokolls und damit zugleich die 1. Konferenz der Vertragsstaaten (Meeting of the Parties of the

Protocol, MOP 1). Mit ihr begannen die Verhandlungen über die Maßnahmen zum Klimaschutz für die Zeit nach 2012.

Erwartungsgemäß erwiesen sie sich als sehr schwierig, hatte die Regierung Bush doch schon ein Jahr zuvor in Buenos Aires unmißverständlich klargemacht, daß sie einer Vereinbarung über 2012 hinaus nicht zustimmen werde. Das Weiße Haus setze, hieß es, auf neue Techniken zur effizienteren Nutzung von Energie und auf Kernkraft.

Das Verhalten des US-Unterhändlers Harlan Watson in Montreal, der kein Hehl daraus machte, daß er seine Aufgabe darin sah, Verhandlungen über eine Reduzierung von CO_2-Emissionen zu verhindern, ließ denn auch an undiplomatischer Deutlichkeit nichts zu wünschen übrig: Er erklärte nicht nur, die USA seien gegen jegliche Diskussion des Themas, sondern unterstrich diese Haltung auch noch dadurch, daß er die bis in die frühen Morgenstunden des letzten Konferenztages dauernden Verhandlungen mitten in der Nacht demonstrativ verließ.

Der immer wieder geäußerte Verdacht, Watson vertrete im Auftrag der Regierung Bush weniger die Interessen des amerikanischen Volkes als die der Erdölindustrie, ist schwer von der Hand zu weisen, verdankt der Chef-Unterhändler der Vereinigten Staaten auf den UN-Klimakonferenzen diesen Posten doch allem Anschein nach ExxonMobil: Wie durch Nachforschungen des Rates zur Verteidigung natürlicher Ressourcen (Natural Resources Defense Council, NRDC) zutage kam, hatte nämlich Arthur G. (Randy) Randol, ein Lobbyist des Ölgiganten, am 6. Februar 2001 in einem Fax an John Howard vom Rat für Umweltqualität (Council on Environmental Quality, CEQ) die Regierung Bush gedrängt, neben zwei anderen dem Energiekonzern unliebsamen Personen auch den 1996 – zur Zeit der Regierung Clinton – auf Initiative Al Gores zum Vorsitzenden des IPCC gewählten Robert T. Watson abzulösen und stattdessen Harlan L. Watson vom Wissenschaftsausschuß des Repräsentantenhauses in Bushs Team für die IPCC-Verhandlungen zu berufen.

Egal ob Harlan Watson, der daraufhin im September 2001 ins Amt für die Ozeane und Internationale Umwelt- und Wissenschaftsangelegenheiten (Bureau of Oceans and International Environmental and Scientific Affairs) des Außenministeriums berufen wurde und – nachdem die Regierung Bush die Wiederwahl Robert Watsons hintertrieben hatte – im April 2002 Robert Watson als höchsten Vertreter der USA bei Klimakonferenzen ablöste, allein auf Betreiben von ExxonMobil diesen Posten bekam oder nicht: Harlan Watson vertrat exakt die Position jener Konzerne, die mit allen ihnen zur Verfügung stehenden Mitteln jede Begrenzung von Treibhausgas-Emissionen bekämpften.

Obwohl keineswegs nur die USA, sondern auch Saudi Arabien und Kuwait sowie China und die Gruppe der Entwicklungsländer (G-77) aus unterschiedlichen Gründen einer Fortschreibung und Weiterentwicklung des Kyoto-Protokolls zunächst skeptisch bis ablehnend gegenüberstanden, wurden in Montreal über vierzig Resolutionen samt einer Absichtserklärung der Teilnehmer zum Kyoto-Protokoll angenommen. Der Präsident der Konferenz, Kanadas Umweltminister Stephane Dion, sprach gar von einem «Montrealer Aktionsplan» (Montreal Action Plan, MAP). Damit war ein Scheitern von COP 11/MOP 1 abgewendet und durch die völkerrechtlich verbindliche Inkraftsetzung der Kyoto-Spielregeln eine entscheidende Hürde genommen zur Umsetzung des Protokolls und der Weg freigemacht für Verhandlungen über Klimaschutz-Maßnahmen über das Jahr 2012 hinaus.

Daß sich die USA, deren Delegationsleiter Harlan Watson das Kyoto-Protokoll noch kurz zuvor als ein politisch motiviertes, wissenschaftlich nicht fundiertes Abkommen bezeichnet hatte, in buchstäblich letzter Minute doch noch wenigstens vage zu einem unverbindlichen strategischen Dialog bereit erklärten, obwohl sie zugleich Verhandlungen über neue Zusagen ausdrücklich ausschlossen, wurde dabei schon als Erfolg gewertet.

Dieser Erfolg dürfte vor allem der Tatsache zu verdanken sein, daß sich nach den gewaltigen Schäden, die der Hurrikan «Katrina» in den Südstaaten der USA angerichtet hatte, der Wind der öffentlichen Meinung in den Vereinigten Staaten selbst zu drehen begonnen hatte und der Unmut über die Politik des Präsidenten deutlich gewachsen war: Neun Bundesstaaten im Norden und Osten der USA – einschließlich der von den republikanischen Gouverneuren Arnold Schwarzenegger und George Pataki regierten Staaten Kalifornien und New York – arbeiteten bereits nach EU-Vorbild am Aufbau eines regionalen Marktes für den Handel mit Emissionszertifikaten, um den CO_2-Ausstoß zum Teil drastisch zu verringern.

13 *Klimaforschung und Klimaprognosen*

In diesem Kapitel erfahren Sie,
- weshalb Klimaprognosen nicht nur schwierig, sondern prinzipiell unsicher sind,
- daß Reisanbau und Rinderzucht zur Erderwärmung beitragen,
- welche Klimaveränderungen für das 21. Jahrhundert erwartet werden,
- was passiert, wenn die Eiskappen der Pole schmelzen,
- wie der verstärkte Frischwassereintrag in die Ozeane zu einem abrupten Kälteeinbruch führen könnte,
- warum viele Klimaforscher mit einem extremen Temperaturanstieg rechnen,
- wie der Bau von Staudämmen das Klima beeinflußt,
- warum der gegenwärtige Artenschwund auch die Menschheit gefährdet.

Die Erforschung des «Systems Erde»

Klimaschutz ist die wohl größte Herausforderung, der sich die Menschheit je hatte stellen müssen, denn dabei geht es um nichts weniger als um die Aufrechterhaltung der Lebensbedingungen auf der Erde, wie sie im wesentlichen seit dem Ende der letzten Eiszeit herrschen. Voraussetzung für wirksame Maßnahmen zum Klimaschutz allerdings ist, daß die komplexen Wechselwirkungen in dem in ständigem Wandel begriffenen «System Erde» hinreichend erforscht und verstanden sind.

Klimaforschung gehört nicht nur zu den vordringlichsten, sondern auch zu den schwierigsten Aufgaben von Wissenschaft und Technik, spielen dabei doch nahezu alle naturwissenschaftlichen Disziplinen – und nicht nur diese – einen entscheidenden Part.

Da sind zunächst die Geowissenschaften, die sich mit dem Aufbau der inneren und äußeren Struktur sowie den chemischen und physikalischen Prozessen der Erde vom innersten Kern bis zur oberen Atmosphäre beschäftigen, und dies von ihrer Entstehung bis heute. Zu ihren Teilgebieten zählen – um nur einige zu nennen – Geologie, Geographie und Ozeanologie ebenso wie Tektonik, Vulkanologie, und Meteorologie, ja zum Teil sogar Astronomie und Astrophysik. Im Zentrum des Interesses stehen die Wechselbeziehungen zwischen Erde, Atmosphäre und den Ozeanen – also zwischen Litho-, Atmo-, Hydro- und Kryosphäre – auf der einen und der Sonne als externer Energiequelle auf der anderen Seite.

Mit der Entstehung der ersten Mikroorganismen schon zu sehr früher Zeit kommt die Biosphäre hinzu – und mit ihr die Paläontologie. Zunächst durch Stoffwechsel und Energieaustausch – allem voran über den Kohlenstoffkreislauf –, später zunehmend auch durch Interaktion von Tieren und Pflanzen mit ihrer Umwelt gewann die Biosphäre im Laufe der Evolution einen immer größeren Einfluß nicht allein auf die Zusammensetzung der Atmosphäre, sondern auch auf die geologischen Formationen.

Hand, Hirn und «Humansphäre»

Mit dem Auftreten des *Homo sapiens* kommen dann zu den gemeinhin unter den sogenannten «Naturwissenschaften» subsumierten geowissenschaftlichen Disziplinen auch jene hinzu, die als Geistes- und Gesellschaftswissenschaften auf den ersten Blick nichts mit dem Klima zu tun zu haben scheinen. In jüngster Zeit jedoch, seit verfeinerte Meßmethoden und neue Analysetechniken immer deutlicher erkennen lassen, daß die Aktivitäten des Menschen als eines sozialen Wesens möglicherweise schon seit der Beherrschung des Feuers, spätestens aber seit der Neolithischen Revolution das Klima beeinflußten, erweist sich der Mensch selbst als ein bedeutender Klimafaktor. Dies gilt vor allem für die erdgeschichtlich äußerst kurze Zeitspanne seit der Industriellen Revolution: Indem die Menschen zwar nicht nur, aber doch hauptsächlich durch die massenhafte Verbrennung fossiler Energieträger zum Heizen und zum Betrieb von Kraftmaschinen Unmengen von Treibhausgasen freisetzen, verändern sie die Zusammensetzung der Atmosphäre und bewirken so einen Klimawandel, der womöglich ihre eigene Existenz bedroht.

Daß der *Homo sapiens*, der seinen aufrechten Gang und damit seinen evolutionären Sonderweg seit dem Ende des Miozäns einem klimabedingten Floren- und Faunenwandel in Ostafrika verdankt, also selbst Produkt eines Klimawechsels ist, im Laufe der Zeit zum Klimamacher wurde, ist wesentlich auf die erst durch die Bipedie ermöglichte Entwicklung seiner Hände und seines Gehirns zurückzuführen. Das Zusammenspiel dieser beiden Organe – also zwischen dem Körper und dem vom Nervensystem getragenen begrifflichen Denken – bildete die Voraussetzung für planmäßiges Handeln wie für sprachliche Kommunikation und damit für das Entstehen einer über den Bereich der Biosphäre weit hinausgehenden «Humansphäre» mit in den verschiedenen Zivilisationen zum Teil – auch in ihren Auswirkungen auf das Klima – höchst unterschiedlichen sozialen, politischen, ökonomischen und kulturellen Strukturen.

Methoden und Instrumentarien der Klimaforschung

Eine Reihe der Methoden, deren sich die Klimaforscher zur Rekonstruktion klimatischer Verhältnisse in weit zurückliegenden Zeiten mit Hilfe von Proxy-Daten bedienen, wurden in den vorangegangenen Kapiteln beschrieben. Ebenso wurde eingegangen auf die anthropogenen Quellen, anhand derer man die klimatischen Veränderungen seit dem Auftreten der kulturbildenden Spezies Mensch nachzuzeichnen und zu erklären versucht.

Hinzu kommen aus Beobachtungen und Messungen aktueller geologischer, physikalischer, chemischer und biologischer Prozesse gewonnene Informationen. Ermittelt werden diese durch ein weltumspannendes Netz sowohl stationärer als auch mobiler Meß- und Beobachtungseinrichtungen wie landgestützte meteorologische Stationen, Bojen, Schiffe, Ballone, Flugzeuge und Satelliten. Um die ständig wachsende Flut von Daten nutzen und aus ihnen Aufschluß über den Zustand der Erde gewinnen zu können, müssen diese standardisiert, zentral gesammelt, in mathematischer Form zusammengefaßt und mittels elektronischer Datenverarbeitung in Modellrech-

Was ist ein Klimamodell?

Als «Klimamodelle» bezeichnet man physikalische Gleichungssysteme, in denen variable, das Klima beeinflussende Faktoren wie Luftdruck, Temperatur, Niederschlagsmengen oder Wind so miteinander in Beziehung gesetzt werden, daß sich berechnen läßt, wie sich eine Veränderung eines oder mehrerer dieser Einflußgrößen – beispielsweise nach den Gesetzen der Schwerkraft und der Thermodynamik – auf das Gesamtsystem auswirken würde.

Da zur Berechnung des Zustandes des gesamten Klimasystems im Grunde so viele physikalische Gleichungen notwendig wären, wie es Einflußgrößen gibt, und diese Gleichungen zudem für jeden Ort auf der Erde einzeln gelöst werden müßten, wären damit in Anbetracht der Komplexität der Aufgabe selbst Hochleistungscomputer überfordert.

Um trotzdem mit einem vertretbaren Aufwand und innerhalb eines vernünftigen Zeitrahmens brauchbare Resultate zu erzielen, müssen, um die Zahl der Rechenvorgänge zu reduzieren, einerseits die physikalischen Prozesse parametrisiert – das heißt: durch näherungsweise Beschreibung vereinfacht – werden und andererseits das dreidimensionale Gitternetz von Berechnungseinheiten aus geographischer Länge und Breite sowie Höhe, mit dem die Erdkugel überzogen wird, ausreichend weitmaschig gewählt werden.

Die dadurch bedingten Ungenauigkeiten führen natürlich zu gewissen Unsicherheiten bei den so errechneten Klimamodellen, was dadurch verstärkt wird, daß noch längst nicht alle klimarelevanten Prozesse bis in alle Einzelheiten hinein verstanden sind.

Umgekehrt aber hat bisher mit jeder neuen Computergeneration auch die Komplexität der Klimamodelle zugenommen, während zugleich das Verständnis der Prozesse voranschritt, wodurch die Klimaprognosen immer zuverlässiger wurden.

Dennoch gilt, daß Klimamodelle sich der Wirklichkeit auch weiterhin nur annähern, sie aber niemals vollständig werden abbilden können.

---

nungen ausgewertet werden. Auf diese Weise lassen sich beispielsweise aus der zeitlichen und räumlichen Änderung der Verteilung anthropogener Gase in der Atmosphäre in Verbindung mit wechselnden Zirkulationsmustern von Meeresströmen zahlreiche klimatische Phänomene beschreiben und erklären.

Je größer die Zeiträume möglichst lückenloser Meßreihen und je

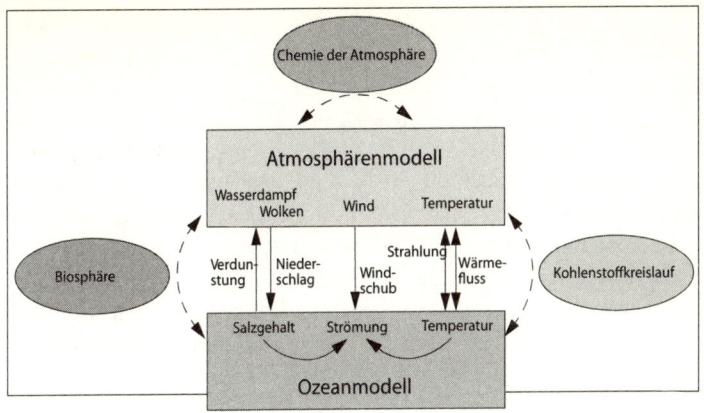

Abb. 9: Schema eines gekoppelten Ozean-Atmosphärenmodells mit weiteren angegliederten Modellen

vielfältiger die in die Klimamodelle integrierten, miteinander in Wechselbeziehung stehenden Parameter sind, desto zuverlässiger sollten auch künftige klimatische Verhältnisse vorausgesagt werden können. Allerdings braucht man wegen der Größe und Komplexität der Modelle und der potentiell unbegrenzten Menge an Daten, die dazu in die Berechnungen einfließen müssen, schon zur Berechnung des Verhaltens selbst einzelner Erdsysteme die leistungsstärksten Großrechner der Welt wie den «Earth Simulator» in Yokohama, der im März 2002 in Betrieb genommen wurde.

Prinzipielle Ungewißheit von Klimaprognosen

Langfristige Voraussagen der globalen Klimaentwicklung sind aber nicht bloß deshalb unsicher, weil die hierfür erforderlichen enormen Rechenkapazitäten fehlen, sondern vor allem, weil es sich bei den Komponenten des dynamischen Klimasystems um zahllose, aneinander gekoppelte und miteinander verflochtene nichtlineare, thermodynamische Teilsysteme handelt, die untereinander Stoffe, Impulse und Energien austauschen. In und zwischen solchen chaotischen Systemen ablaufende Prozesse aber unterliegen dem Zufallsprinzip und sind daher grundsätzlich nicht mit Sicherheit, sondern nur statistisch mit einem mehr oder weniger hohen Grad an Wahrscheinlichkeit vorhersagbar.

Die Ungewißheit bezüglich des Eintreffens bestimmter Klimaprognosen wird ferner dadurch erhöht, daß sich die Humansphäre nicht berechnen läßt, wie schon Isaac Newton, Verfasser der «Mathematischen Prinzipien der Naturlehre» und Börsenspekulant, der 1720 beim Crash der Aktien der Südsee Kompanie 20 000 Pfund verlor, leidvoll erfahren mußte. Daß dies gar nicht anders sein kann, leuchtet unmittelbar ein, wenn man bedenkt, daß die Gehirne der mittlerweile weit über 6 Milliarden Menschen rein naturwissenschaftlich betrachtet allesamt nichtlineare, thermodynamische Systeme sind.

Klimawandel und Ernährung

Da das Gehirn allein gut 20 Prozent der Energie eines Menschen verbraucht, obwohl es nur etwa 2 Prozent seines Körpergewichts ausmacht, hat der Mensch im Vergleich zu anderen Lebewesen einen besonders großen Bedarf an energiereicher Nahrung. Die für die Deckung dieses Bedarfes notwendige landwirtschaftliche Produktion aber beeinflußt, obwohl sie nur für etwa 9 Prozent der anthropogenen Treibhausgase verantwortlich ist, auf vielfältige Weise die Entwicklung des Klimas, denn sie ist Hauptquelle der Methan- und Lachgas-Emissionen.

So haben die ersten weltraumbasierten, im Jahr 2003 mit Hilfe des Spezialsensors SCIAMACHY (SCanning Imaging Absorption SpectroMeter for Atmospheric ChartographY) an Bord des Erdbeobachtungssatelliten Envisat der Europäischen Weltraumbehörde (European Space Agency, ESA) vorgenommenen Messungen der globalen Verteilung von Methan den Nachweis erbracht, daß vor allem von der Gangesebene auf dem indischen Subkontinent über Burma, Thailand, Indochina und China bis Japan besonders hohe Konzentrationen dieses Treibhausgases auftreten, also in jenen Regionen, in denen in großem Stil Naßreis angebaut wird. Daß der Methanausstoß von gefluteten Reisfeldern, auf den gegenwärtig zwischen 10 und 25 Prozent der gesamten Methanemissionen zurückzuführen sind, bei fortgesetztem Bevölkerungswachstum weiter ansteigen dürfte, liegt auf der Hand. Das International Rice Research Institute schätzt diesen Anstieg in den nächsten dreißig Jahren auf rund 70 Prozent – was wiederum schwerwiegende Folgen für den Wasserhaushalt haben dürfte, denn schon heute werden in Asien rund 85 Prozent des Wassers beim Reisanbau verbraucht.

Auch aus den Mägen von Wiederkäuern wie Rindern und Schafen dürfte bei weiter steigendem Fleischkonsum – der Pro-Kopf-Verbrauch allein von Rindfleisch hat sich seit 1970 etwa verdoppelt – und der damit einhergehenden Zunahme von Rinderherden entsprechend mehr Methan in die Atmosphäre gelangen. Wieviel läßt sich leicht ausrechnen, denn man geht davon aus, daß jedes der derzeit weltweit etwa 1,4 Milliarden Zuchtrinder täglich zwischen 100 und 250 Liter Methan produziert.

Darüber hinaus trägt die Brandrodung zur Gewinnung von Weideland – für ein zusätzliches Rind werden in Südamerika etwa 18 000 Quadratmeter Regenwald vernichtet – auf doppelte Weise zum Treibhauseffekt bei, denn dadurch wird nicht nur Kohlendioxid freigesetzt, sondern zugleich gehen diese Flächen auch als Kohlenstoffsenken verloren.

Außer Methan stammt auch das durch den ständig steigenden Einsatz von Stickstoffdünger von überdüngten Böden emittierte Lachgas (Distickstoffoxid), das auch bei der Abfallverbrennung freigesetzt wird, größtenteils aus der Landwirtschaft.

Der Nutzen von Klimaprognosen

Hauptverursacher des infolge der Anreicherung der Atmosphäre mit Treibhausgasen und Aerosolen sowie der durch großflächige Umgestaltung der Erdoberfläche veränderten Albedo seit etwa einem Jahrhundert sich vollziehenden Klimawandels sind, daran kann kein Zweifel bestehen, die Menschen – und dies nicht nur durch die bedenkenlose Nutzung der ihnen seit der Industriellen Revolution zur Verfügung stehenden technischen Mittel, sondern allein schon durch ihre große Zahl und die Notwendigkeit, alle zu ernähren.

Voraussetzung für jede zuverlässige langfristige Klimaprognose wäre somit die richtige Einschätzung künftiger Bevölkerungszahlen und -dichten sowie des künftigen Umgangs der Menschen mit der Natur und ihren Ressourcen aufgrund sozialer, politischer und ökonomischer Entwicklungen.

Daß dies grundsätzlich unmöglich ist, bedeutet freilich nicht, daß Klimaprognosen nutzlos sind. Im Gegenteil: erst durch Einsicht in das komplexe Zusammenspiel unterschiedlicher, das Klima beeinflussender Faktoren und daraus entwickelter, wissenschaftlich fundierter Szenarien künftiger klimatischer Verhältnisse ist es möglich zu erkennen, was zum Erhalt der natürlichen Lebensbedingungen geschehen müßte. Ob dies am Ende auch geschehen wird, ist allerdings – zumal wenn es darum geht, langfristig das Gemeinwohl über meist ebenso kurzfristige wie kurzsichtige Partikularinteressen zu stellen – eine Frage der politischen Durchsetzbarkeit als notwendig erkannter Maßnahmen.

Szenarien globaler Erwärmung

Kernfrage aller Klimaprognosen ist die globale Erwärmung, verursacht durch die anthropogene Emission von Treibhausgasen. Berechnungen des dadurch zu erwartenden Temperaturanstiegs, die sich in der Regel auf die Zeit bis Ende des 21. Jahrhunderts beschränken, basieren daher durchweg auf unterschiedlichen Prämissen bezüglich der Zusammensetzung der Atmosphäre.

Die bislang umfassendste Zusammenstellung von Emissions-Szenarien bietet der Sonderbericht des IPCC (Special Report on Emissions Scenarios, SRES). In diesen zwischen 1996 und 2000 erstellten 35 Szenarien, die auf realistischen Annahmen beruhende mögliche Klimaverläufe darstellen, wurden sowohl natürliche als auch anthropogene, die Dynamik des Klimas antreibende Faktoren berücksichtigt. Zu den letzteren zählen neben Veränderungen der Zahl und des Lebensstandards der Menschen auch der Energieverbrauch und die Arten der genutzten Energieträger.

Unterteilt wurden die SRES-Szenarien in die vier «Familien» oder *storylines* genannten Hauptgruppen A1, A2, B1 und B2, wobei bei «A» der Schwerpunkt auf Ökonomie, bei «B» auf Ökologie liegt, während «1» von einer global vereinheitlichenden Tendenz, «2» hingegen vom Fortbestand größerer regionaler Unterschiede ausgeht.

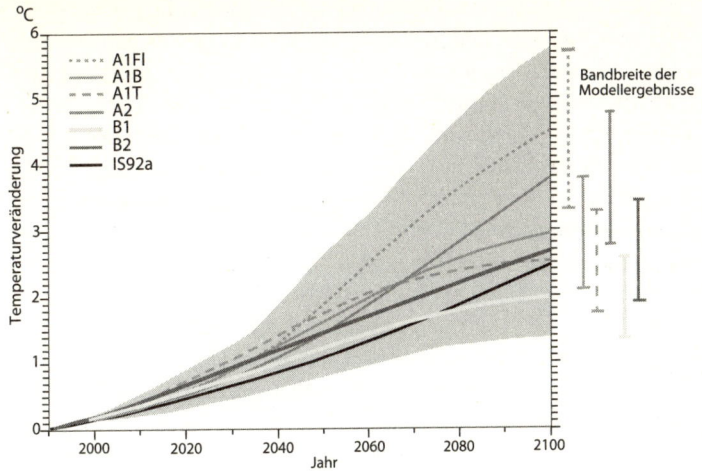

Abb. 10: Szenarien globaler Erwärmung

- *A1-Szenarien* beschreiben, grob gesagt, eine Zukunft mit sehr schnellem Wirtschaftswachstum, der Einführung neuer energieeffizienter Techniken bei zunehmender Globalisierung und einer Weltbevölkerung, die Mitte des 21. Jahrhunderts rund 9 Milliarden erreicht und danach bis 2100 wieder auf etwa 7 Milliarden sinkt, wobei sich Einkommen und Lebensstandards auf hohem Niveau einander angleichen.
Je nach genutzten Energiequellen gliedert sich diese Familie in drei Unterszenarien mit intensiver Nutzung fossiler *(A1FI)*, starker Nutzung nicht-fossiler *(A1T)* und einer gemischten Nutzung fossiler wie nicht-fossiler *(A1B)* Energieträger.
- *A2-Szenarien* beschreiben eine sehr heterogene Welt, gekennzeichnet durch regionale Eigenständigkeit und die Bewahrung lokaler Besonderheiten. Dies bringt regionale Unterschiede bei der wirtschaftlichen Entwicklung, beim Pro-Kopf-Einkommen und beim technologischen Wandel mit sich sowie beim insgesamt starken Wachstum der Weltbevölkerung auf 15 Milliarden im Jahr 2100.
- *B1-Szenarien* beschreiben eine konvergierende Entwicklung mit

einem Bevölkerungswachstum wie in A1, jedoch mit einem raschen Wandel ökonomischer Strukturen hin zu einer Dienstleistungs- und Informationswirtschaft mit abnehmendem Materialverbrauch und der Einführung sauberer und sparsamerer Technologien. Der Schwerpunkt liegt dabei auf globalen Lösungen zugunsten ökonomischer, sozialer und ökologischer Nachhaltigkeit einschließlich verbesserter Rechtsnormen, aber ohne zusätzliche Initiativen in der Klimapolitik.

- *B2-Szenarien* beschreiben eine Welt, in der das Gewicht auf lokalen Lösungen zugunsten ökonomischer, sozialer und ökologischer Nachhaltigkeit liegt. Es ist eine Welt mit einer moderaten Zunahme der Weltbevölkerung auf rund 10 Milliarden Menschen bis zum Jahr 2100, mittlerem Wirtschaftswachstum und vielfältigerem technologischem Wandel als bei den B1- und A1-Szenarien. Auch diese Szenarien sind auf Umweltschutz ausgerichtet, wenngleich nur auf lokaler und regionaler Ebene.
- Als fünfte Gruppe kommen sechs, bereits 1992 als Ergänzung zum ersten IPCC-Bericht von 1990 veröffentlichte Immissions-Szenarien *(IS92 a bis f)* hinzu, denen die Annahme zugrunde lag, daß die Menschheit weitermachen werde wie bisher.

Das Fazit aus sämtlichen auf der Grundlage der sechs SRES-Gruppen sowie der älteren IS92-Szenarien durchgeführten Modellrechnungen im dritten IPCC-Bericht von 2001 lautet: Die Zusammensetzung der Atmosphäre wird sich durch menschliche Einflüsse im 21. Jahrhundert weiter verändern, und die mittlere globale Temperatur wird – je nach Szenarium – ausgehend von 1990 zwischen 1,4 und 5,8 °C steigen. Neueste Klimasimulationen des Max-Planck-Instituts für Meteorologie in Hamburg, die in den vierten IPCC-Bericht einfließen sollen, bestätigen diese Prognosen grundsätzlich.

Die Folgen der Erwärmung

Eine Erwärmung, wie auf der Basis der SRES-Szenarien prognostiziert, hat es seit dem Ende der Jüngeren Dryas und dem Beginn des Holozäns, also seit über 10 000 Jahren, nicht gegeben. Auch wenn die Folgen des zu erwartenden Temperaturanstiegs im einzelnen schwer abzuschätzen sind, so dürfte doch eine Reihe von Änderungen und Ereignissen mit hoher Wahrscheinlichkeit eintreffen, die vorauszusagen es zum Teil nicht einmal der enormen Rechenkapazitäten und des riesigen wissenschaftlichen Aufwandes bedurft hätte, wie die SRES-Szenarien sie erforderten. So lehrt die Erfahrung, die wichtigste Grundlage der Thermodynamik, daß sich bei steigenden Temperaturen der bodennahen Atmosphäre auch Böden und Gewässer erwärmen.

Wie die Modellrechnungen ergaben, ist es sehr wahrscheinlich, daß sich insbesondere die Landmassen in den nördlichen Regionen Nordamerikas sowie Nord- und Zentralasiens während der kalten Jahreszeit überdurchschnittlich erwärmen werden. Die Erwärmung in Süd- und Südostasien sowie im südlichen Südamerika im Winter hingegen dürfte geringer ausfallen als im globalen Mittel.

Daß es parallel dazu zu einer Erwärmung der Ozeane kommen wird, bedarf kaum der Erwähnung. Allerdings ist zu erwarten, daß sich der östliche tropische Pazifik stärker aufheizt als der westliche, wodurch sich die Niederschläge nach Osten verlagern. Ein Zusammenhang zwischen Klimawandel und der Häufigkeit, Intensität und dem räumlichen Muster der El-Niño-Ereignisse konnte bisher allerdings nicht nachgewiesen werden.

Höhere Wassertemperaturen wiederum führen naturgemäß zu einer erhöhten Konzentration von Wasserdampf, des wichtigsten aller Treibhausgase, und in der Folge zu verstärkten Niederschlägen über mittleren bis hohen Breiten der Nordhalbkugel sowie über der Antarktis. Über den Landmassen niedrigerer Breiten wird es jedoch außer regionalen, von Jahr zu Jahr stark schwankenden Zunahmen auch – und dies vor allem in Afrika – Abnahmen der Niederschläge geben.

Insgesamt, so die Prognosen, ist im Laufe der nächsten hundert Jahre in vielen Gegenden der Welt verstärkt mit extremen Wetterereignissen wie Dürren, Überschwemmungen und tropischen Zyklonen zu rechnen. Noch weitgehend ungeklärt ist dabei jedoch, welche Auswirkungen der Klimawandel auf Dauer und Intensität des indischen Sommermonsuns haben wird, denn neben der Erwärmung der Wasser- und Landmassen, die zu stärkeren Niederschlägen führen müßte, haben in Südasien die Zunahme der Albedo durch veränderte Landnutzung und die Luftverschmutzung durch Aerosole eine abkühlende Wirkung, wodurch sich die Zufuhr feuchter Luft vom Indischen Ozean, die den Monsunregen speist, verringert, sodaß die Niederschläge abnehmen.

Eisschmelze und Anstieg des Meeresspiegels

Fest steht, daß ein Anstieg der Temperaturen in höheren Breiten bereits zur Abnahme der Schneebedeckung und des Meereises sowie zu einem erheblichen Abschmelzen der Gletscher und der polaren Eiskappen geführt hat: Wie zwischen 1996 und 2005 durchgeführte Radarmessungen von Satelliten aus ergaben, hat allein das grönländische Eis in diesem Zeitraum jährlich zwischen 91 und 224 Kubikkilometer verloren, wobei etwa ein Drittel auf Schmelzvorgänge an der Oberfläche, der Rest auf verstärktes Kalben der Gletscher zurückgeführt wird.

Zugleich wird die arktische Eisdecke zwischen Spitzbergen und dem Nordpol, die schon im letzten Jahrzehnt des 20. Jahrhunderts um 20 Prozent abgenommen hat, immer dünner. Daß die Temperaturen auf Spitzbergen im Januar 2006 den Rekordwert von 6,5 °C erreichten – normal wären –12 °C –, muß nicht unmittelbar mit dem globalen Klimawandel zu tun haben, doch paßt dieses extreme Wetterereignis in den generellen Trend zur Erwärmung, die in der Arktis etwa doppelt so schnell erfolgt wie im globalen Mittel.

Hatte es im dritten IPCC-Bericht von 2001 noch geheißen, der antarktische Eisschild werde dank größerer Niederschläge wahrscheinlich an Masse zunehmen, weshalb ein beträchtlicher Anstieg des Meeresspiegels im 21. Jahrhundert sehr unwahrscheinlich sei, haben, wie im Februar 2006 bekannt wurde, mikrometergenaue Messungen der beiden deutsch-amerikanischen Satelliten mit der Bezeichnung GRACE (Gravity Recovery and Climate Experiment) ergeben, daß die Antarktis zwischen April 2002 und August 2005 jährlich 152 ± 80 Kubikkilometer Eis verlor, was einem jährlichen Meeresspiegelanstieg von 0,4 ± 0,2 Millimetern entspricht. Die beachtliche Toleranzspanne von fast 50 Prozent ist dabei nicht etwa auf Meßungenauigkeiten zurückzuführen, sondern darauf, daß mit den Präzisionsgeräten der GRACE-Satelliten nicht meßbar ist, ob die Veränderungen durch Schneefall oder Bewegungen der Erdkruste verursacht wurden. Da die Eisdecke der Antarktis während der letzten Eiszeit jedoch um vieles mächtiger war als heute, wodurch die darunterliegende Landmasse in den zähflüssigen Erdmantel gedrückt wurde, aus dem sie sich nun langsam wieder erhebt, bedeutet eine höhere Oberfläche nicht notwendig auch eine dickere Eisdecke. Die Ungenauigkeit bei der Berechnung des Masseverlustes des Eises rührt also daher, daß das Maß der Hebung nicht genau bekannt ist.

Besonders bedenklich ist, daß der größte Teil dieses massiven Verlustes an dem unterhalb des Meeresspiegels am Boden aufliegenden Westantarktischen Eisschild zu verzeichnen war. Allein das in dieser westlichen Eisdecke gebundene Süßwasser würde, sollte sie vollständig abschmelzen, den Meeresspiegel um rund 7 Meter anheben. Käme es darüber hinaus zu einem Abschmelzen der Eisdecke im Osten der Antarktis, wären die Folgen noch gravierender, denn sie übertrifft die westliche um das Achtfache.

Hatte der IPCC-Bericht von 2001 den Anstieg des mittleren Meeresspiegels zwischen 1990 und 2100 aufgrund des Masseverlustes von Gletschern und Eiskappen sowie durch thermische Ausdehnung des Wassers noch auf 9 bis 88 Zentimeter geschätzt, so könnte sich diese Schätzung infolge der neuen Erkenntnisse als erheblich zu niedrig erweisen. Somit ist zu befürchten, daß der vom IPCC erwartete Anstieg des Meeresspiegels durch ein Tauen des Westantarktischen Eisschildes in den kommenden tausend Jahren um bis zu 3 Meter sowie ein völliges Abschmelzen des grönländischen Eisschildes um rund 7 Meter im Laufe mehrerer Jahrtausende nicht nur viel schneller erfolgen, sondern womöglich noch weit größer ausfallen wird. Was das für viele Inseln und tiefliegende Regionen wie die Gangesebene, das Mississippi-Delta oder die Norddeutsche Tiefebene bedeuten würde, läßt sich leicht ausmalen: Sie würden im Meer versinken – wenn auch nicht innerhalb «eines einzigen Tages und einer unglückseligen Nacht» wie Platons Atlantis – und als Siedlungsgebiete wie als landschaftliche Nutzflächen verlorengehen.

Zusammenbruch der thermohalinen Zirkulation

Eine so starke, zudem von vermehrten Niederschlägen in hohen Breiten begleitete Eisschmelze würde – dies zeigen die meisten Klimamodelle – zu einer erheblichen Verringerung des Salzgehaltes und somit der Wasserdichte der Ozeane führen, was wiederum eine weltweite Abschwächung der thermohalinen Zirkulation zur Folge hätte, wie sie für den Nordatlantikstrom bereits nachgewiesen ist. Ein völliger und möglicherweise unumkehrbarer Stillstand des Großen Marinen Förderbandes, wie er im IPCC-Bericht von 2001 für die Zeit nach 2100 nicht ausgeschlossen wird, hätte weitreichende Konsequenzen für sämtliche atmosphärische und ozeanische Strömungssysteme und damit für den globalen Wärmeaustausch.

Wie sich ein Zusammenbruch der thermohalinen Zirkulation auf beiden Hemisphären im einzelnen auswirken würde, ist unter Ozeanographen und Klimatologen umstritten. Während einige annehmen, es handele sich bei den bislang beobachteten Änderungen des Salzgehaltes lediglich um natürliche zyklische Schwankungen ohne schwerwiegende Folgen für das Klima, gehen andere davon aus, daß das verminderte Absinken von Oberflächenwasser im Arktischen Ozean auf ein neues Strömungsgleichgewicht ohne tiefe thermohaline Zirkulation zusteuert. Modellrechnungen wie Untersuchungen von Sauerstoffisotopen aus Tiefseesedimenten und anderen Klimaarchiven deuten darauf hin, daß es in der Vergangenheit immer wieder Gleichgewichtszustände sowohl mit als auch ohne nordatlantische Tiefenwasserbildung gegeben hat. So verhinderte bei extrem kalten Perioden im Nordatlantik, den sogenannten «Heinrich-Events», eine stark erhöhte Zufuhr von Frischwasser, dessen Absinken südlich von Island und unterband damit die thermohaline Zirkulation.

Eiszeit für das Pentagon

Ein extremes Szenarium, bei dem es – ähnlich den Schmelzwasser-Ereignissen vor 12700 (Jüngere Dryas) und 8200 Jahren – durch «Abschalten» des Nordatlantikstroms, der Warmwasserheizung Europas, nicht zu dauerhafter gradueller Erwärmung, sondern zu einem abrupten Kälteeinbruch kommt, beschreibt eine im Jahr 2003 von Peter Schwartz und Doug Randall im Auftrag des US-Verteidigungsministeriums erstellte Studie.

Mit der erklärten Absicht, das Undenkbare zu denken, um die möglichen Folgen eines plötzlichen Klimawechsels für die Sicherheitsinteressen der Vereinigten Staaten einschätzen zu können, entwickeln die Autoren darin einen Klimaverlauf, der zwar ausdrücklich nicht als der wahrscheinlichste, aber immerhin als wahrscheinlich genug hingestellt wird, um schon heute in der US-Verteidigungsstrategie Berücksichtigung zu finden.

Ausgangspunkt ist die Annahme einer ab etwa 2005 durch diverse Rückkoppelungen deutlich verstärkten Erderwärmung während des ersten Jahrzehnts des 21. Jahrhunderts, begleitet von zunehmenden, regional unterschiedlich auftretenden Wetterereignissen wie Stürmen, Überflutungen, Hitzeperioden und Dürren mit zum Teil erheblichen wirtschaftlichen Schäden.

Nach rund sechs Jahrzehnten verstärkten Frischwassereintrags in die Ozeane beginnt dann ab 2010 die thermohaline Zirkulation zusammenzubrechen, was auf der nördlichen Hemisphäre – und hier hauptsächlich in Nordwesteuropa – zu einem Temperatursturz führt, während es in Australien, Südamerika und Südafrika heißer wird. Einher geht dies mit einem dramatischen Rückgang der Niederschläge, was vor allem in Südchina und Nordeuropa Dürrekatastrophen auslöst, wohingegen es in ehemals trockenen Gebieten zu Überschwemmungen kommt. Um 2020 beginnt es dann auch in Südeuropa kühler zu werden, während in Nordwesteuropa nahezu sibirische Verhältnisse herrschen.

Als Folgen eines so jähen Wechsels vom Treibhaus- zum Eishausklima nennt die Studie Lebensmittelknappheit durch einen Rückgang der landwirtschaftlichen Produktion, Süß- und vor allem Trinkwassermangel durch Dürren und Überschwemmungen sowie Unterbrechung der Versorgung mit wichtigen Rohstoffen durch Stürme und Eis.

Da es nicht mehr genügend natürliche Ressourcen für Milliarden von Menschen gibt, kommt es zu schweren Konflikten und Verteilungskämpfen – bis hin zu militärischen Auseinandersetzungen – allem voran um Nahrung, Wasser und Energie. Erst nachdem die

Menschheit durch Kriege, Hungersnöte und Seuchen so dezimiert ist, daß ihre Zahl die Grenzen der Tragfähigkeit der Erde nicht mehr überschreitet, könnte es allmählich wieder ein friedliches Miteinander des überlebenden Restes der Menschheit geben.

Der geradezu sozialdarwinistisch anmutende Schluß, daß nur die kampfbereitesten Gesellschaften überleben werden, dürfte den Vorstellungen des Auftraggebers entgegenkommen, entwerfen Schwartz und Randall doch ein fiktives Konflikt-Szenarium einer Welt streitender Reiche mit riesigen Strömen von Klimamigranten sowie Kämpfen um Lebensräume und immer knapper werdende Ressourcen, allem voran um Energie. Daß die militärisch starken USA die Krise besser meistern werden als alle anderen, versteht sich von selbst.

Ebensowenig verwundert es in Anbetracht der Klima-Politik der Regierung Bush, daß der Zusammenhang zwischen anthropogenen Treibhausgasen und Klimawandel praktisch unerwähnt bleibt. Stattdessen wird als mögliche Maßnahme gegen eine Abkühlung allen Ernstes die Möglichkeit ins Spiel gebracht, durch gezielte Freisetzung von Treibhausgasen gewissermaßen den Teufel mit dem Beelzebub auszutreiben.

Heißzeit: Gaias Rache?

Ein der Pentagon-Studie diametral entgegengesetztes, deshalb aber nicht weniger beängstigendes Szenarium entwirft James E. Lovelock in seinem im Jahr 2006 erschienenen Buch «The Revenge of Gaia» (Gaias Rache), in dem er davon ausgeht, daß die Temperaturen im Laufe dieses Jahrhunderts in den Tropen um 5 und in gemäßigten Zonen gar um 8 °C steigen werden, womit er sogar die pessimistischsten Prognosen der SRES-Szenarien weit übertrifft.

Der britische Chemiker und Biophysiker Lovelock (geb. 1919), der in seiner 1974 gemeinsam mit der amerikanischen Mikrobiologin Lynn Margulis (geb. 1938) aufgestellten Gaia-Hypothese – genannt nach der Spenderin und Trägerin allen Lebens, der griechischen Göttin Gaia (Erde) – die Erde in ihrer Gesamtheit als einen einzigen Superorganismus begreift, vergleicht diese Erwärmung mit einer schweren fieberhaften Erkrankung. Durch die ungehemmte Vermehrung des Erregers dieser Krankheit, des exzessiv Treibhausgase freisetzenden *Homo sapiens*, sei das System aus dem Gleichgewicht geraten, sodaß es seine Fähigkeit zur Selbstregulierung verloren habe. Damit stünden wir am Beginn einer Heißzeit ähnlich jener Hitzewelle, die vor 55 Millionen Jahren einsetzte. Damals waren beide Pole eisfrei, und auf dem Lande wie in den Ozeanen herrschten großenteils lebensfeindliche Bedingungen.

Analog zu diesem Treibhaus-Ereignis an der Grenze zwischen Paläozän und Eozän, sagt Lovelock voraus, werde die Arktis schon in dreißig Jahren eisfrei sein, was den Prozeß der Erderwärmung weiter beschleunigen werde, da die Oberfläche des Nordpolarmeeres dann zusätzlich jene Strahlung absorbiere, die zuvor dank der hohen Albedo von Eis und Schnee bis zu 90 Prozent reflektiert wurde. Ein weiterer Rückkoppelungseffekt ergebe sich, wenn sich über der Nordhemisphäre die Luftverschmutzung durch Aerosole, die eine kühlende Wirkung hätten, reduziere. Stiege aber die globale Mitteltemperatur auch nur um 4 °C, verschwänden die Tropenwälder, und an ihre Stelle träten Buschland oder Wüste, und in den aufgeheizten tropischen Meeren gäbe es kaum mehr Leben. Am Ende herrschten nur noch in wenigen Gebieten hoher nördlicher und südlicher Breiten klimatische Bedingungen, unter denen Menschen überleben könnten.

Für die Menschen werde diese schon jetzt so weit fortgeschrittene Entwicklung, daß sie nicht mehr aufzuhalten, geschweige denn umkehrbar sei, verheerende Folgen haben. Der Anstieg des Meeresspiegels, der Verlust der Nahrungsquellen und der Zusammenbruch der Wirtschaft werde Abermillionen zu Umweltflüchtlingen machen. Schließlich werde es zu einem völligen Zusammenbruch der Zivilisation kommen, den nur ein Bruchteil der Milliardenbevölkerung überleben werde. Es sei gleichsam die Rache der Erde für das, was die Menschen ihr angetan haben.

Da Lovelock im Grunde keine Chance mehr sieht, die Katastrophe zu verhindern, hält er Bemühungen um eine Reduzierung der anthropogenen Treibhausgase, wie im Kyoto-Protokoll vereinbart, für wenig mehr als eine Beschwichtigung des Gewissens der Emittenten dieser Gase. Das einzige, was seiner Meinung nach vielleicht noch helfen könnte, wäre, um Zeit zu gewinnen, ein weitgehender

Verzicht der Industriestaaten auf fossile Brennstoffe durch einen vorübergehenden Umstieg auf Kernkraft, bis neue Quellen wie Kernfusion und erneuerbare Energien in ausreichendem Maße zur Verfügung stünden.

Zeitbombe Methan

Was die von Lovelock prophezeite Apokalypse tatsächlich herbeiführen könnte, wäre eine plötzliche Freisetzung des eisartigen, in gewaltigen Mengen auf dem Grund kalter Ozeane und in Permafrostböden gespeicherten Methans, wie sie vermutlich schon das «Große Sterben» vor 251 Millionen Jahren an der Perm-Trias-Grenze zumindest mitverursacht und das Treibhaus-Ereignis vor 55 Millionen Jahren an der Grenze von Paläozän und Eozän ausgelöst hatte.

Da Methanhydrat nur bei bestimmten Temperaturen und Drükken stabil ist – bei 30 bar, was einer Wassertiefe von 300 Metern entspricht, darf die Temperatur nicht über 0 °C, bei 50 bar oder einer Tiefe von 500 Metern nicht über 8 °C liegen –, bewirkt eine Aufheizung des Meerwassers einen Zerfall des Hydrats, sodaß die in den Hohlräumen des Eiskristallgitters eingeschlossenen Methanmoleküle entweichen können. Wie bei mehreren Ereignissen plötzlicher Klimaerwärmung in der Vergangenheit, die nur durch zum Teil explosionsartige Freisetzung großer Mengen von Methan aus Gashydrat erklärbar sind – und die zudem oft mit submarinen Erdrutschen einhergingen, was wiederum verheerende Flutwellen auslöste –, könnte auch in nicht allzu ferner Zukunft eine allmähliche Erwärmung der Ozeane wieder zu abrupten Methanemissionen führen, die dann durch positive Rückkoppelung den Treibhauseffekt exponentiell verstärken.

Im Prinzip gilt Gleiches für das in den – immerhin rund ein Viertel der Landoberfläche der Erde bedeckenden – Permafrostgebieten lagernde Methanhydrat. Auch dort kommt es, wenn die Böden Sibiriens und des arktischen Nordamerika auftauen und sich dadurch das Verhältnis von Temperatur und Druck so verändert, daß die Hydrate instabil werden, womöglich zur Freisetzung von Methan.

Beim Tauen von Permafrostböden wird der Treibhauseffekt zusätzlich dadurch verstärkt, daß bei der Verwesung organischen Materials in Sumpfgebieten anaerob Methan und an der Luft aerob, das heißt unter Beteiligung von Sauerstoff, Kohlendioxid entsteht.

Zudem dürften sich durch die Erwärmung – wie einst im Miozän vor rund 20 Millionen Jahren – in hohen Breiten Wälder ausdehnen, die einerseits zwar Kohlenstoff speichern, andererseits aber die Albedo reduzieren und damit durch Rückkopplung die Temperaturen weiter erhöhen.

Zeitbombe Wasserkraft

Egal, ob man das Szenarium einer neuen Eiszeit oder das Szenarium einer neuen Heißzeit für das wahrscheinlichere hält: In beiden Fällen spielen bei den zu erwartenden schwerwiegenden Veränderungen unserer Umwelt anthropogene Treibhausgase die zentrale Rolle. Um die Erhöhung der Temperatur zu stoppen oder wenigstens zu verzögern, bedürfte es also in jedem Fall einer radikalen Reduzierung des Anteils dieser Gase an der Atmosphäre.

Während daher die einen – mit Lovelock – aus Gründen des Klimaschutzes die Nutzung von Kernkraft zumindest so lange für unverzichtbar halten, wie keine anderen Energiequellen ohne Emission von Treibhausgasen in ausreichendem Maße nutzbar sind, setzen andere auf Wasserkraft als einer angeblich klimafreundlichen Technik der Stromerzeugung.

In jüngster Zeit setzt sich allerdings die Erkenntnis durch, daß auch Wasserkraftwerke weitreichende Auswirkungen auf die Klimaentwicklung haben, denn der Bau von Talsperren unterbricht nicht bloß das natürliche Abfließen des Wassers in die Ozeane, sondern führt auch zu tiefgreifenden Veränderungen der Ökosysteme sowohl der Flüsse als auch der Meere – abgesehen davon, daß der Bau von Staudämmen oft schwere ökologische und soziale Schäden nach sich zieht. Ein besonders spektakuläres Beispiel dafür ist der Drei-Schluchten-Damm am Mittellauf des Yangzi in China.

Da Staudämme nicht nur Wasser zurückhalten, sondern auch durch Silikatverwitterung gelöstes Silizium, fehlt dieses Silizium am Ende in den Ozeanen, in denen Kieselalgen etwa die Hälfte aller organischen, kohlenstoffhaltigen Urstoffe produzieren. Ein reduzierter Silizium-Eintrag in die Meere muß sich also unmittelbar auf den Karbonat-Silikat-Kreislauf auswirken und damit auf den gesamten Kohlenstoffkreislauf, verringert er doch im Laufe der Zeit die Gesamtmenge des für die Dauer von vielen Millionen Jahren in oft Hunderte von Metern dicken Sedimenten aus Kieselalgen auf den Meeresböden organisch gebundenen Kohlenstoffs. Damit aber reduziert sich die Rolle der Ozeane, die derzeit etwa fünfzigmal soviel Kohlenstoff speichern wie die Atmosphäre, als Kohlenstoffsenke, wodurch sich durch einen positiven Rückkoppelungseffekt der Kohlendioxidanteil der Atmosphäre proportional erhöht und der Treibhauseffekt verstärkt. Hinzu kommt, daß – anders als in unruhigen Fließgewässern – Kieselalgen auch in lichtdurchfluteten Stauseen gedeihen, wodurch die Menge des schließlich ins Meer gelangenden Siliziums weiter zurückgeht.

Da schon heute schätzungsweise 25 Prozent allen Fließwassers aufgestaut oder umgeleitet sind und es weltweit rund 45 000 über 15 Meter hohe sowie 800 000 kleinere Staudämme gibt, zu denen in den kommenden Jahrzehnten wohl weitere Tausende hinzukommen, dürfte also auch die scheinbar klimafreundliche Stromerzeugung aus der erneuerbaren Energie Wasserkraft keineswegs ohne Folgen auf die langfristige Entwicklung des Klimas bleiben.

Gefahren für die Nahrungskette

Nicht genug damit, daß immer mehr Talsperren die Flüsse aufstauen, wird ihr Wasser auch noch in einem Maße zur Bewässerung landwirtschaftlicher Anbauflächen genutzt, daß selbst die Fluten so großer Ströme wie des Nils oder des Gelben Flusses oft kaum mehr ihre Mündungsgebiete erreichen. Überdies ist das siliziumarme Wasser, wenn es ins Meer gelangt, häufig durch Abwässer und Düngemittel so stark mit Phosphaten und Nitraten angereichert, daß dieser Eintrag von Nährstoffen in den Küstenbereichen regelmäßig zur massenhaften Vermehrung schalenlosen und oft giftigen Phytoplanktons auf Kosten schalentragender Organismen führt.

Diese in den letzten Jahren anscheinend zunehmenden, auch «Red Tides» genannten toxischen «Algenblüten» können nicht nur bei Muscheln, Schnecken, Seesternen, Seeigeln, Borstenwürmern und planktonfiltrierenden Fischen Massensterben auslösen, sondern auch Vögel und marine Säugetiere wie Delphine und Seekühe gefährden, welche sich, auf einer höheren Stufe der Nahrungskette stehend, von Fischen ernähren, die das Gift in ihrem Körper angereichert haben. Da das Phytoplankton als erstes Glied der Nahrungskette die Grundlage jeglichen Lebens im Wasser bildet, ist nicht auszuschließen, daß giftige Algenblüten nicht nur für die Artenvielfalt, sondern auch für die gesamte Nahrungskette und damit letztlich auch für den Menschen eine ernsthafte Gefährdung darstellen können.

Eine weitere Bedrohung, die erst vor wenigen Jahren erkannt wurde, ergibt sich daraus, daß das Wasser der Weltmeere durch den Gasaustausch zwischen Atmosphäre und Ozean immer mehr Kohlendioxid aufnimmt. Dies mindert zwar den Treibhauseffekt, reichert das Wasser aber zugleich mit Kohlensäure an. Da die Säure aber wiederum Kalk löst, löst sie die Kalkschalen und -skelette mariner Organismen wie Muscheln, Schnecken, Krebse, Korallen und vor allem von Kalkalgen auf, deren Anteil an der marinen Kalk-Produktion allein etwa 80 Prozent beträgt.

Würden sich die derzeitigen CO_2-Emissionen unvermindert fortsetzen, wäre dieser Punkt – wie zwischen 2001 und 2005 im Raunefjord bei Bergen in Norwegen durchgeführte Feldversuche im Rahmen des EU-Projektes «Carbo-Ocean» gezeigt haben – in ungefähr hundert Jahren erreicht. Dann käme es zu einer ähnlichen Übersäuerung der Ozeane wie während des Treibhaus-Ereignisses vor 55 Millionen Jahren, als der Kohlendioxid-Gehalt der Atmosphäre ein Vielfaches des heutigen Wertes betrug und bis in arktische Gebiete tropische Temperaturen herrschten. Anders als damals, als kalkbildende Arten starben, die Zahl der Kleinorganismen mit Silikatschalen hingegen stieg, dürften aber infolge des sich abzeichnenden Siliziummangels auch letztere vom Aussterben bedroht sein.

Die sechste Auslöschung

Sollte es wirklich zu einer extremen Erderwärmung kommen, könnte das eintreten, was Richard Leakey in Analogie zu den bisherigen fünf größten Massenaussterben der Erdgeschichte die «sechste Auslöschung» genannt hat.

Jüngere Untersuchungen von Meeresablagerungen lassen darauf schließen, daß an der Grenze zwischen Paläozän und Eozän mit Methan und Kohlendioxid ungefähr die gleiche Menge Kohlenstoff in die Atmosphäre gelangt war, die freigesetzt würde, wenn alle bekannten Reserven fossiler Brennstoffe verbraucht würden. Insofern ist die heutige Situation mit diesem und dem Supertreibhaus-Ereignis an der Perm-Trias-Grenze durchaus vergleichbar: Würde nämlich die Menschheit mit dem Verbrennen fossiler Energieträger wie mit dem Bau von Wasserkraftwerken fortfahren wie bisher, käme es mit Sicherheit nicht nur zu einem weiteren Anstieg der globalen Temperatur und damit zu einem Wandel der Ökosysteme beispielsweise als Folge geänderter Strömungsverhältnisse in der Atmosphäre und den Ozeanen, sondern auch zu tiefgreifenden chemischen Veränderungen, die zumal in den Meeren die Existenz zahlreicher Organismen bedrohen würden.

Daß schon heute viele Spezies dem Klimawandel nicht gewachsen sind, belegt das Aussterben von Tier- und Pflanzenarten: Der Artenschwund hat bereits jetzt ein seit dem fünften Massenaussterben an der Grenze zwischen Kreidezeit und Tertiär, dem unter anderen die Dinosaurier zum Opfer fielen, nicht mehr bekanntes Ausmaß erreicht. Hielte dieser Trend an, nähme die Artenvielfalt allein infolge der Veränderung der klimatischen Bedingungen in den nächsten fünfzig Jahren voraussichtlich zwischen 15 und 40 Prozent ab und wäre möglicherweise bereits gegen Mitte des 21. Jahrhunderts geringer als vor 65 Millionen Jahren.

Beschleunigt wird das Artensterben durch weitere – meist zusätzlich klimawirksame – anthropogene Faktoren wie die Ausdehnung von Agrar-, Siedlungs- und Verkehrsflächen und der damit verbundenen Abholzung der Wälder sowie der Intensivierung von Fischerei und Landwirtschaft, welche die Lebensräume der Tiere und Pflanzen schrumpfen läßt. Schrumpfen jedoch die Ökosysteme an Vielfalt, Größe und Zahl, verringert sich auch die genetische Vielfalt innerhalb der Arten und mit ihr deren Pufferkapazität, das heißt ihre Fähigkeit, Umweltveränderungen aufzufangen und in ihrer Vitalität und ihrem Wirkungsgefüge stabil zu bleiben.

Der gegenwärtige Rückgang der Biodiversität – das heißt der Vielfalt der Arten, der Lebensgemeinschaften und Ökosysteme sowie der genetischen Unterschiede – unterscheidet sich von den Massenaussterben früherer Zeiten nicht nur graduell nach Ausmaß und Geschwindigkeit, denn erstmals ist der Mensch mit seinem des planmäßigen, vorausschauenden Denkens fähigen, wenn auch nicht immer ausreichend hierfür genutzten Gehirns die treibende Kraft des Klimawandels.

Ob wir Menschen allerdings in der Lage sein werden, nicht nur vorausschauend zu denken, sondern auch entsprechend zu handeln und unser Verhalten rasch und radikal genug zu ändern, um die Funktionsfähigkeit des «Systems Erde» im gegenwärtigen Zustand zu erhalten und mit der sechsten Auslöschung womöglich auch unseren eigenen Untergang abzuwenden, wird sich erweisen.

14 *Die Zukunft des Planeten Erde*

Der Kreislauf tut nur seine Pflicht,
solange er kreist, sonst tut er's nicht.
Wilhelm Busch

In diesem Kapitel erfahren Sie,
- daß der Kohlendioxid-Gehalt der Atmosphäre noch lange Zeit hoch bleiben wird,
- wie der Mensch Einfluß auf die Kontinentalverschiebung nehmen könnte,
- warum die Photosynthese eines Tages zum Stillstand kommen wird,
- in welcher Reihenfolge die Organismen auf der Erde aussterben werden,
- daß auf sehr lange Sicht Kohlendioxid-Mangel herrschen wird,
- warum, wie und wann etwa das «System Erde» untergehen dürfte.

Blick zurück und Blick nach vorn

Sind schon Prognosen über die Entwicklung des Klimas im Laufe der nächsten hundert Jahre schwierig, so sind sie über Zeiträume von Jahrtausenden und gar Jahrmillionen kaum leichter. Trotzdem ist es wohl möglich, mit mehr oder weniger großer Wahrscheinlichkeit zutreffende Annahmen auch über langfristige Entwicklungen zu machen. Schließlich ist davon auszugehen, daß die Naturgesetzlichkeiten, die gegolten haben, bevor der Mensch auftrat und in die natürlichen Kreisläufe eingriff, auch weiterhin gelten werden. Es sind also vor allem die Erkenntnisse der Paläoklimatologie, die dazu beitragen können, einen Blick in die fernere Zukunft unseres Planeten zu werfen.

Heißzeit statt Eiszeit?

Blickt man zurück in die erdgeschichtlich jüngere Vergangenheit, drängt sich die Frage auf, ob die Erde im Grunde nicht eigentlich auf eine neue Eiszeit zusteuern müßte, wenn man davon ausgeht, daß der Wirkzusammenhang unter anderem von Erdschiefe, Sonneneinstrahlung und Meeresströmungen, der seit der Schließung des Isthmus von Panama den rhythmischen Wechsel zwischen Eis- und Zwischeneiszeiten bestimmt hat, auch heute noch besteht. Die Warmzeiten der Glazial-Interglazial-Zyklen im Laufe der letzten 700 000 Jahre hatten nämlich jeweils zwischen 10 000 und 15 000 Jahre gedauert, also etwa so lang wie das Holozän.

Obwohl in der Wissenschaft weitgehend Einigkeit darüber herrscht, daß eigentlich eine neue Eiszeit bevorstehen müßte, gehen die Meinungen darüber, wann es dazu kommen könnte, weit auseinander. Die große Mehrheit der Forscher freilich ist der Ansicht, daß der durch die Emission von Treibhausgasen verursachte anthropogene Gegentrend die gegenwärtige Warmzeit verlängert und einen möglichen Abkühlungseffekt sogar so stark überkompensiert, daß das seit dem Ende der letzten Kaltzeit erstaunlich stabile Klima von einer Hitze-Periode abgelöst werden dürfte. Einige sind sogar der Meinung, daß die zu erwartende Eiszeit ganz ausbleiben könnte.

Unabhängig davon jedoch, ob die Klimatologen dauerhafte Erwärmung oder – als Folge eines «Abschaltens» des Nordatlantikstromes – Abkühlung erwarten: darüber, daß der Kohlendioxid-Gehalt der Atmosphäre während der nächsten Jahrzehnte bis Jahrhunderte überdurchschnittlich hoch bleiben wird, sind sie sich einig. Die Bedeutung der Bio- und der Lithosphäre als Langzeitspeicher von Kohlenstoff dürfte dabei sowohl durch Rodung als auch durch den Verbrauch fossiler Brennstoffe weiter abnehmen. Um ihr chemisches Gleichgewicht wiederherzustellen, werden die übersäuerten Ozeane, die den größten Teil des CO_2 aufnehmen, wie nach dem Treibhaus-Ereignis vor 55 Millionen Jahren allerdings gut 100 000 Jahre brauchen.

Karbonat-Silikat-Kreislauf und Plattentektonik

Theoretisch könnte sich auf sehr lange Sicht jedoch als noch folgenreicher für das Klima die Störung des Karbonat-Silikat-Kreislaufes durch Staudämme, Flußregulierung und Bewässerung erweisen, denn wenn das durch chemische Verwitterung gelöste Kalzium und Silizium der Gebirge auf den Kontinenten zurückgehalten wird und folglich den Meeresorganismen nicht zur Bildung von Schalen und Skeletten zur Verfügung steht, lagert sich auch entsprechend weniger Karbonat- und Silikatschlamm auf den Meeresböden ab.

Da die Meeressedimente einerseits durch ihre enorme Auflast zur Absenkung der ozeanischen Kruste beitragen und andererseits zusammen mit wäßrigen Lösungen, sogenannten Fluiden, bei der Subduktion der schwereren ozeanischen unter die leichteren kontinentalen Lithosphärenplatten als Schmiermittel wirken, müßte dies, sollte sich ihre Mächtigkeit verringern, auch den Antrieb für die Kontinentalverschiebung abschwächen.

Neben dem oberflächennahen, von biologischen Prozessen auf der Erde dominierten Kreislauf aus Kohlendioxid und organischem Kohlenstoff in Atmosphäre und Ozean ist also vermutlich auch der viel langsamere, tief ins Erdinnere reichende und von den Konvektionsströmen im Erdmantel angetriebene Karbonat-Silikat-Kreislauf zumindest teilweise biologisch gesteuert, und dies um so mehr, als die Wärmeströmungen in Kruste und Mantel zum Teil ebenfalls durch freigesetzte biogene Energie bedingt zu sein scheinen.

Wird jedoch über die biologische Pumpe weniger Kohlenstoff in den Erdmantel verfrachtet und dort zwischengelagert, um eines fernen Tages durch vulkanische Tätigkeit in die Atmosphäre zurücktransportiert zu werden, könnte dies auf Dauer zu einem geringeren Kohlendioxid-Gehalt der Atmosphäre und damit zu globaler Abkühlung führen.

Angesichts der Kürze der Spanne seit dem Auftreten des *Homo sapiens* im Vergleich mit Zeiträumen, in denen plattentektonische Vorgänge ablaufen, erscheint es allerdings höchst unwahrscheinlich, daß eine durch menschliche Eingriffe in die Natur verursachte Störung des Karbonat-Silikat-Kreislaufes die Kontinentaldrift beeinflussen könnte. So beträgt die Driftgeschwindigkeit der Lithosphärenplatten pro Jahr zwischen 2 und 10 Zentimetern, wobei sich beispielsweise am mittelatlantischen Rücken jährlich nur 2 bis 3 Zentimeter neue Basaltkruste bildet. Der Abstand zwischen Eurasien und Amerika hat sich demnach seit der Industriellen Revolution um ungefähr 5, in den rund 10 000 Jahren seit dem Ende der letzten Eiszeit gerade einmal um 250 Meter vergrößert.

Über den Einfluß des Menschen auf die Plattentektonik und das Klima in Millionen von Jahren zu spekulieren, scheint daher fast müßig, wissen wir doch nicht einmal, ob die Menschheit die nächsten tausend, geschweige denn Millionen Jahre überleben oder sich womöglich durch Klimawandel und Kriege eines Tages selbst den Garaus machen wird.

Verwitterung und Biomasse als Klima-Regler

Keineswegs müßig jedoch ist es, sich im Rückblick auf die Entwicklung unseres Planeten und des von ihm getragenen Lebens unter Einbeziehung astronomischer Faktoren über die ferne Zukunft Gedanken zu machen.

Ausgangspunkt für solche Überlegungen ist, daß das Klima der Erde – sieht man von den Energieflüssen im Erdinneren ab – bestimmt wird von der Einstrahlung der Sonne und der Abstrahlung durch die Erdoberfläche. Der sich daraus ergebenden Energiebilanz ist es zu verdanken, daß die mittlere globale Temperatur heute um 33 °C höher liegt, als sie ohne diesen natürlichen Treibhauseffekt läge, wodurch flüssiges Wasser und mit ihm das Leben auf der Erde überhaupt erst möglich ist.

Da der Treibhauseffekt von der Zusammensetzung der Atmosphäre abhängt, es aber – wie geologisch anhand des ältesten bislang bekannten Kristalls, eines in Australien gefundenen Zirkons, nachgewiesen wurde – bereits vor 4,4 Milliarden Jahren flüssiges Wasser auf der Erdoberfläche gegeben hat, muß der Anteil an Kohlendioxid und Methan in der Atmosphäre in der Frühphase der Erde sehr viel höher gewesen sein als heute, denn damals war die Leuchtkraft der Sonne um vieles geringer. Tatsächlich haben die Strahlungsenergie der Sonne seither um etwa 30 Prozent und ihr Radius um etwa 5 Prozent zugenommen. Wäre die Zusammensetzung der Atmosphäre aber die gleiche gewesen wie heute, wäre die Erde noch vor 2 Milliarden Jahren völlig vereist gewesen.

Daß auf der Erde, deren Rotationsgeschwindigkeit sich zudem von vermutlich 8 auf 24 Stunden verlangsamte, was die Schwankungen zwischen Tag- und Nacht-Temperaturen verstärkte, von einigen wenigen extrem heißen oder kalten Perioden abgesehen dennoch fast immer das Leben begünstigende Temperaturen herrschten, ist im wesentlichen auf die Karbonat-Silikat-Verwitterung zurückzuführen: Indem sich die Verwitterung unter wärmeren, niederschlagsreicheren klimatischen Bedingungen beschleunigte, entzog sie der Atmosphäre immer mehr Kohlendioxid, was die Erwärmung infolge der verstärkten Sonneneinstrahlung durch eine Reduzierung des Treibhauseffektes wieder ausglich und wie ein natürlicher Thermostat wirkte. Hinzu kam die biogene Verwitterung, indem Flechten, Algen und Moose sowie höhere Pflanzen durch ihre Wurzeln die Zersetzung der Gesteine zusätzlich förderten.

Darüber hinaus sank der Kohlendioxid-Gehalt der Atmosphäre im Laufe der Evolution durch die Einlagerung von Kohlenstoff in Biomasse. Deren weitaus größter Teil wird nicht von den für das menschliche Auge sichtbaren Pflanzen und Tieren gebildet, sondern bis in die Tiefe der Erdkruste hinein von für uns unsichtbaren Mikroben.

Das Verschwinden des Kohlendioxids

Das Klima erweist sich also seit erdgeschichtlich sehr früher Zeit als dynamisches Produkt eines äußerst komplexen Zusammenspiels astro- und geophysikalischer mit chemischen, biochemischen und biotischen Prozessen. Der zunehmenden Leuchtkraft der Sonne zum Trotz hielt das die Oberflächentemperatur über Jahrmillionen nicht nur in der sehr schmalen, für den Fortbestand der Biosphäre notwendigen Spanne, sondern ließ sie nach neuesten Erkenntnissen wahrscheinlich sogar in für das Leben günstigere Bereiche absinken.

Anfangs geschah dies durch das Einfangen von viel Sonnenenergie aufgrund des hohen Gehalts von Treibhausgasen in der Atmosphäre. Im Laufe der Erdgeschichte verringerte sich deren Anteil, indem der im Kohlendioxid enthaltene Kohlenstoff der Luft zunächst durch Karbonat-Silikat-Verwitterung und seit dem Auftreten der Cyanobakterien – und später der Pflanzen – auch durch Photosynthese entzogen wurde, was wiederum Sauerstoff freisetzte.

Wenn sich dieser Prozeß fortsetzt, der die steigende Strahlungsenergie der Sonne durch vermehrte Bindung von Kohlenstoff kompensiert, wird, wie James E. Lovelock und Mike Whitfield 1982 voraussagten, einmal die für Photosynthese betreibende Organismen lebensnotwendige minimale Kohlendioxid-Konzentration unterschritten werden und mithin zu deren Aussterben führen. Dies würde jedoch den Tod auch aller anderen Lebewesen nach sich ziehen, da ihnen damit die pflanzliche Nahrungsgrundlage genommen würde.

Wann dies geschehen könnte, hängt von der Untergrenze für die Photosynthese ab. Bei den heute dominierenden C3-Pflanzen wie Getreide und Kartoffeln, deren erste stabile Moleküle nach dem Einbau von organischem Kohlendioxid in organische Kohlenstoffverbindungen 3 C-Atome besitzen, liegt die Photosynthese bei 150 ppm, bei C4-Pflanzen wie Mais, Hirse und Zuckerrohr, die 4 C-Atome fixieren, hingegen bei nur 10 ppm.

Hinzu kommt, daß nicht nur der fortschreitende Entzug von atmosphärischem Kohlendioxid durch die Biosphäre einen allmählichen Anstieg der Temperatur mit sich bringt, sondern – parallel zur Zunahme der Sonnenstrahlung – das Innere der Erde stetig auskühlt. Das aber wird eine Verlangsamung der Konvektionsströme im Erdmantel und mit ihnen der den Karbonat-Silikat-Kreislauf antreibenden plattentektonischen Prozesse zur Folge haben – bis hin zum Stillstand der Kontinentaldrift –, wodurch die Immission von Kohlendioxid in die Atmosphäre durch Ausgasung und Vulkanismus zurückgehen wird. Der Verbrauch und die Speicherung von CO_2 durch Photosynthese und Verwitterung wird also auf Dauer die Nachlieferung übersteigen, bis sie zuletzt ganz aufhört.

Die Zukunft des Planeten Erde

Ein Fahrplan für den Untergang

Ein mögliches mittleres Szenario für die Stufen und den zeitlichen Ablauf des Untergangs allen Lebens auf der Erde und das Ende des «Systems Erde» mit seiner Wechselwirkung zwischen Geo-, Atmo- und Biosphäre, das die Mitarbeiter des Potsdam-Instituts für Klimafolgenforschung (PIK) gezeichnet haben, läßt sich – stark vereinfacht – wie folgt zusammenfassen:

Jahre	Temperatur	Atmosphäre	Biosphäre	Geosphäre
800–900 Mio.	> 30 °C	CO_2 < 150 ppm	Sterben höherer Lebensformen, Mikroben breiten sich aus	Abschwächung der biogen getriebenen Verwitterung
1,2–1,3 Mrd.	> 45 °C		Sterben der Eukaryoten	
1,6 Mrd.	> 70 °C	CO_2 < 10 ppm	Sterben der Prokaryoten; Ende der Photosynthese; Ende des Lebens	Kontinente verlieren Relief; zurück bleibt nacktes Gestein
	> 250 °C			Ozeane verdunsten
				totaler Wasserverlust, Ende der Plattentektonik
3,5–6 Mrd.	> 1000 °C			Atmosphäre entweicht, Gesteine schmelzen

Der Verlust der Atmosphäre und das Ende des Raumschiffs Erde

Der auf lange Sicht zu erwartende Kohlendioxid-Mangel und die dennoch steigende Oberflächentemperatur wird immer mehr Wasser verdunsten lassen. Wasserdampf als das wirksamste aller Treibhausgase aber wird den Temperaturanstieg durch Rückkoppelung zusätzlich beschleunigen, sodaß es schließlich zur Austrocknung der Ozeane und am Ende zu einem vollständigen Verlust flüssigen Wassers kommt.

Der nächste Schritt, nachdem die Erdoberfläche längst zu einer leblosen, erstarrten und weitgehend relieflosen und salzbedeckten Wüste geworden ist, dürfte eine Spaltung des Wasserdampfes in Wasser- und Sauerstoff durch die weiter zunehmende Strahlungskraft der Sonne sein, worauf sich die leichten Wasserstoffteilchen bei fortschreitender Erhitzung der Erde beschleunigt in den Weltraum verflüchtigen, während der schwerere Sauerstoff zurückbleibt und sich mit dem Eisen der Gesteine verbindet. Die dann wie der Mars durch Eisenoxid rotgefärbte Erde, die keine Atmosphäre mehr besitzt, wird indes immer weiter aufgeheizt, bis in ungefähr 3,5 Milliarden Jahren bei über 1000 °C ihre Oberfläche schmilzt und sich ein riesiger Magmaozean bildet.

Die Sonne, deren Wasserstoffvorrat in rund 5 Milliarden Jahren zur Neige gehen dürfte, wird dann doppelt so hell leuchten wie heute und sich zu einem Roten Riesen aufblähen, dessen Durchmesser sich immer weiter vergrößert, bis er möglicherweise nicht nur die Bahnen von Merkur und Venus, sondern auch die Erdbahn erreicht.

Darüber, was mit der Erde geschieht, wenn die Sonne tausendmal stärker strahlt als heute und sich dann bei einem im Vergleich zu heute vielleicht dreißigfachen Durchmesser als Überriese für die Dauer von 2 Milliarden Jahren stabilisiert, kann man sich wohl nur noch wie Karl Valentin hinwegtrösten, der auf die Behauptung eines Studenten, die Welt werde in sieben Trillionen Jahren untergehen, hörbar aufatmete und sagte: «Ach so, Gottseidank! Ich hab' nämlich verstanden g'habt in sieben Millionen.»

Erde, Klima, Leben – Ein Nachwort

Granit

Die Arbeit an dem vorliegenden Buch war nahezu abgeschlossen, als in der Zeitschrift *Palaeogeography, Palaeoclimatology, Palaeoecology* vom 24. März 2006 (Band 232, Heft 2–4) ein Aufsatz des dänischen Geologen Minik T. Rosing und einiger seiner Kollegen aus den USA und Frankreich erschien mit dem Titel «The rise of continents – An essay on the geologic consequences of photosynthesis», in dem die Hypothese vertreten wird, daß die Bildung stabiler Kontinente ganz wesentlich der Aktivität Photosynthese betreibender Mikroben zu verdanken sei.

Ausgangspunkt der Überlegungen ist die Feststellung, daß die älteste bekannte Materie der Erdkruste rund 4 Milliarden Jahre alt und von granitischer Zusammensetzung ist. Granit, der Hauptbestandteil der kontinentalen Kruste, aber kann sich im Gegensatz zum schwereren Basalt, aus dem die ozeanische Kruste besteht, nicht unmittelbar aus flüssigem Material des Erdmantels bilden, sondern entsteht erst aus der Schmelze verwitterten, durch chemische Reaktion mit diversen Mineralien wie Silizium, Aluminium und Alkalimetall angereicherten Basalts. Voraussetzung für die Bildung von Granit sind also mindestens zwei Prozesse: Verwitterung und erneutes Aufschmelzen zunächst sedimentierten und danach durch die von der Gravitationskraft angetriebenen Konvektionsströme des Erdinnern in den Mantel subduzierten Gesteins.

Hatten sich die durch Wärme- und Masseflüsse in der Atmosphäre, im Ozean und im Erdmantel angetriebene Destruktion und Produktion von Gestein anfangs vermutlich ungefähr die Waage gehalten, begann sich vor rund 4 Milliarden Jahren mehr neue kontinentale Kruste zu bilden als zerstört wurde, was zu einer Zunahme der Masse der Kontinente führte, bis diese vor rund 3 Milliarden Jahren fast die heutige Größe erreicht hatte.

Daß das Wachstum der Kontinente gleichzeitig mit dem Auftreten der Photosynthese einsetzte, legt die Annahme nahe, daß zwischen beiden ein Zusammenhang besteht: Während sich ohne dauerhafte Energiezufuhr mit der Zeit zwischen Atmo-, Hydro- und Lithosphäre ein chemisches Gleichgewicht eingestellt hätte, hatten Photosynthese betreibende Mikroben – indem sie Sonnenenergie, um sie für ihren Stoffwechsel nutzen zu können, laufend in chemische Energie umwandelten und auf diese Weise in die Kohlenstoffkreisläufe lenkten – ständig für ein chemisches Ungleichgewicht gesorgt. Die Folge war eine verstärkte Verwitterung basaltischen Gesteins, wobei die Produktion von smektit- und illithaltigen Tonmaterialien von besonderer Bedeutung war, da diese bei der Entstehung von Granit eine entscheidende Rolle spielen.

Da die hellen granitischen Gesteine jedoch eine geringere Dichte aufweisen als die dunklen, meist sogar schwarzen Basalte, haben sie genügend statischen Auftrieb, um nicht zusammen mit der basaltischen Kruste und dem lithosphärischen Mantel immer wieder subduziert zu werden. Dadurch aber konnten die Granite allmählich die kontinentale Kruste aufbauen, wohingegen die basaltische Kruste immer wieder zerstört wurde. Besteht aber ein ursächlicher Zusammenhang zwischen der Bildung stabiler Kontinente und der Entstehung von Granit, so die Schlußfolgerung, dann ist, wie Wolfgang E. Krumbein und Hans Joachim Schellnhuber bereits 1990 und 1992 dargelegt haben, die Existenz der Kontinente genaugenommen auf die Fähigkeit lebender Organismen zurückzuführen, sich durch Photosynthese das Sonnenlicht als Energiequelle zu erschließen.

Die These, daß die Kontinente biogenen Ursprungs sind, wird darüber hinaus durch die Tatsache gestärkt, daß Granit im Gegensatz zum Basalt auf keinem anderen Himmelskörper des Sonnensystems vorkommt und daß es allein auf der Erde, die sich vor 4,567 Milliarden Jahren durch Gravitation aus weitgehend homogenem Material zusammengefügt, verdichtet und dann durch chemische und physikalische Prozesse in Kern, Mantel, Lithosphäre, Ozeane und Atmosphäre geschieden hatte, Kontinente gibt und Leben.

Erde, Klima, Leben

Sollte sich diese Hypothese bestätigen, wäre dies ein weiterer wichtiger Stein in dem großen wissenschaftlichen Puzzle, dessen Einzelteile sich seit einigen Jahrzehnten immer deutlicher in ein übergeordnetes Ganzes aus Erde, Klima und Leben einzufügen scheinen, in dem alles mit allem zusammenhängt und in dem die chemischen, physikalischen und biologischen Systeme – einschließlich des Menschen und seiner vielfältigen Kulturen – ein sich selbst regulierendes Geflecht bilden, als seien sie ein einziger, universaler Organismus.

Ob der Mensch auf dieses komplexe thermodynamische System – an dessen Thermostat er, seit er die Kraftmaschine erfand, immer stärker dreht, ohne dabei das wahre Ausmaß der Risiken für das Gesamtsystem und damit für sein eigenes Überleben abschätzen zu können – destabilisierend oder – im Gegenteil – am Ende allen Voraussagen zum Trotz womöglich sogar stabilisierend einwirkt, läßt sich nicht mit Gewißheit sagen. Sicher jedoch ist, daß der Mensch – selbst ein Produkt der wesentlich von den klimatischen Bedingungen auf der Erdoberfläche gesteuerten evolutionären Prozesse, in denen jeder Zufall unvermeidlich scheint – im Begriff ist, aus der Rolle eines sich seiner Funktion im Getriebe der Kohlenstoffkreisläufe nicht bewußten Rädchens herauszutreten und – gleichsam in einem doppelten Rückkoppelungseffekt – zunehmend den Part eines der Folgen seines Handelns bewußt werdenden Akteurs zu übernehmen.

Da uns dabei das Ganze wie seine Teile immer wunderbarer scheinen, je mehr wir für Einzelnes Erklärungen finden und Einsicht in das Zusammenspiel gewinnen, sollten wir uns allerdings vor der Selbstüberschätzung hüten, die uns zu dem Glauben verleiten könnte, wir seien mehr als nur ein Teil und in der Lage, das Ganze zu beherrschen.

Damit ist zugleich gesagt, daß ich keineswegs die Absicht habe und schon gar nicht den Anspruch erhebe, in diesem Buch für alles und jedes eine – womöglich erschöpfende – Erklärung zu bieten. Worum es mir geht, ist einzig, den Blick zu öffnen für die Fülle der Wechselwirkungen zwischen üblicherweise völlig unterschiedlichen wissenschaftlichen Disziplinen zugeordneten und daher zumeist getrennt voneinander behandelten Phänomenen, die allesamt das beeinflussen wie auch von dem beeinflußt werden, was gemeinhin unter dem Begriff «Klima» zusammengefaßt wird.

Dank

Dafür, daß ich überhaupt wagte, über diesen Gegenstand, der allein aufgrund seiner Komplexität kaum bewältigbar scheint, im Rahmen eines einzigen, nicht allzu umfänglichen und überdies gleichermaßen für Fachleute wie für Laien hoffentlich mit Gewinn zu lesenden Textes zu behandeln, habe ich Dr. Lutz Spandau von der Allianz-Umweltstiftung zu danken, der anregte, darüber eine Broschüre zu schreiben. Mein besonderer Dank gilt Dr. Spandau aber vor allem für sein Verständnis, daß die Arbeit am Ende nicht nur erheblich umfangreicher wurde als geplant, sondern sich aus persönlichen Gründen leider auch noch viel länger hinzog. Ich hoffe, daß er, wenn ihm das Ergebnis gedruckt vorliegt, als dessen Initiator damit zufrieden sein wird.

Da ich selbstverständlich nicht in allen Fachbereichen und Aspekten, die darin angesprochen werden, gleichermaßen firm sein konnte, sondern mich in zahlreiche Detailfragen erst habe einarbeiten müssen, war ich in vielen Fällen auf den kritischen Beistand durch eine Reihe von Fachwissenschaftlern angewiesen, die mir allesamt, wann immer ich darum bat, mit Rat und Tat zur Seite standen. Zu danken habe ich für ihre Hilfe in diesem Sinne Prof. Dr. Arne Körtzinger, Dr. Jens Greinert und Dr. Gregor Rehder vom Leibniz-Institut für Meereswissenschaften (IFM-GEOMAR) in Kiel, Dr. Dieter Garbe-Schönberg vom Institut für Geowissenschaften (GPI) der Universität Kiel, Dr. Manfred Menning und Dr. Achim Brauer vom GeoForschungsZentrum (GFZ) Potsdam, Prof. Dr. Siegfried Franck vom Potsdam-Institut für Klimafolgenforschung, Dr. Claudio Richter vom Zentrum für Marine Tropenökologie (ZMT), Prof. Dr. Hans-Wolfgang Hubberten vom Alfred-Wegener-Institut für Polar- und Meeresforschung (AWI), Forschungsstelle Potsdam, sowie Dr. Andreas Lückge von der Bundesanstalt für Geowissenschaften und Rohstoffe (BGR) in Hannover.

Große Abschnitte und zum Teil sogar das gesamte Manuskript gelesen und wertvolle Ergänzungs- und Änderungsvorschläge gemacht haben Prof. Dr. Wolfgang E. Krumbein vom Institut für Chemie und Biologie des Meeres der Universität Oldenburg, Dr. Arne Micheels, jetzt Senckenberg Museum in Frankfurt am Main, Dr. Helmut Mayr vom Paläontologischen Museum München, Prof. Dr. Rüdiger Glaser vom Institut für Physische Geographie der Universität Freiburg sowie Prof. Dr. Hans W. Fricke vom Max-Planck-Institut in Seewiesen. Für ihre geduldige Begleitung meiner Arbeit und ihren engagierten Beistand bin ich außerordentlich dankbar.

Als große Hilfe erwies sich auch die kritische Lektüre sämtlicher Texte durch meinen Lektor Dr. Stefan Bollmann im Verlag C. H. Beck, meine Freunde Ludwig Schichtl und Dr. Walter Greil sowie meine Mutter, deren Argusaugen manche Fehler entdeckt haben, die alle anderen übersehen hatten. Dennoch bin natürlich ich allein für alle Ungenauigkeiten und Fehler verantwortlich, die das Buch allen Bemühungen um sachliche Korrektheit zum Trotz noch immer enthalten mag.

Mein größter Dank aber gilt meiner Frau. Sie hat den Fortgang der Arbeit mit Gleichmut und moralischer Unterstützung begleitet, obwohl ich all die Kraft und Zeit, die dies gekostet hat, eigentlich ihr hätte widmen müssen.

Abbildungsnachweis

Abb. 1: Norbert Noreiks, Max-Planck-Institut für Meteorologie, Hamburg

Abb. 2: Norbert Noreiks, Max-Planck-Institut für Meteorologie, Hamburg

Abb. 3: Hermann Schäfer, Forschungsinstitut und Naturmuseum Senckenberg, Frankfurt am Main

Abb. 4: Norbert Noreiks, Max-Planck-Institut für Meteorologie, Hamburg

Abb. 5: Dieter Kasang, Hamburger Bildungsserver (www.klimawissen.de), verändert nach: Clarke, G. et al. (2003): Superlakes, Megafloods, and Abrupt Climate Change, Science 301, 922–923

Abb. 6: Dieter Kasang, Hamburger Bildungsserver (www.klimawissen.de), verändert nach: IPCC (2001): Climate Change 2001: The Scientific Basis. Summary for Policimakers and Technical Summary of the Working Group I Report, Cambridge 2001, Summary for Policimakers, Figure 3

Abb. 7: Dieter Kasang, Hamburger Bildungsserver (www.klimawissen.de), verändert nach: IPCC (2001): Climate Change 2001: The Scientific Basis. Contribution of the Working Group I to the Third Assessment Report of the Intergovernmental Panel on Climate Change (Houghton, J.T. et al., eds.), Cambridge and New York, Figure 3.2 und 3.3

Abb. 8: Dieter Kasang, Hamburger Bildungsserver (www.klimawissen.de)

Abb. 9: Dieter Kasang, Hamburger Bildungsserver (www.klimawissen.de)

Abb. 10: Dieter Kasang, Hamburger Bildungsserver (www.klimawissen.de), verändert nach: IPCC (2001). Climate Change 2001: The Scientific Basis. Contribution of the Working Group I to the Third Assessment Report of the Intergovernmental Panel on Climate Change (Houghton, J.T. et al., eds.), Cambridge and New York, Figure 9.14

Register

Abstraktionsvermögen 104–106
Ackerbau 112, 113
Aegyptopithecus zeuxis 71
Aerosole 137, 142, 181
Affen 67, 68–71, 74f., 85f.
Afrika 34, 50, 69f., 72, 75, 84f., 97f., 147, 165, 185
Agenda-21 155
Agrarrevolutionen 126f.
Alaska 92, 108
Albedo 65, 80f., 92, 118, 123f., 142f., 177, 181, 187, 189
Alpen 64, 72, 96, 118
Altersbestimmung s. Radiokarbon-Methode
Alvarez, Luis W. 53
Alvarez, Walter 53
Amazonas 70, 78, 111, 166
Aminosäuren 25, 27, 28
Ammoniak 14, 17, 25
Amnioten 41
Amphibien 37, 41f.
Anapsida 42, 45
Anden 64, 72, 78, 94, 166
Anpassung 24, 34, 36, 41, 71, 82
Antarktis 39, 64f., 69, 72f., 121, 149, 150, 183
Äquator 9, 19, 33, 77
Äquinoktien 80
Arbeitsmaschinen 129
Arbeitsteilung 113
Archaebakterien 28
Archaikum 43
Ardipithecus ramidus 85f.
Argon 13f.
Aridisierung 143
Aridität 85

Arktis 58, 73, 77f., 92, 150, 182, 187
Arrhenius, Svante August 136
Artenschutz-Konvention 155
Artensterben s. Massenaussterben
Artenvielfalt 34, 41, 191f.
Arthropoden 32, 36
Asien 72, 99, 147
Atmosphäre 9f., 14–23, passim
Atmungsorgane 36
Auge 22, 42, 55, 68
Australien 38f., 64, 72, 99, 108, 185
Australopithecus 86f.

Bakterien 26, 28, 30, 43, 61, 199
Baltica 32, 37
Barentsee 163
Basalt 33, 54, 197, 202f.
Beckengürtel 46, 104
Bering-Straße 92, 96, 108, 111
Bestäubung 51, 67
Bevölkerungsexplosion 122, 126f., 143
Bewässerung 112f., 115, 143, 190, 196
Biodiversität 192; s. a. Artenvielfalt
Biomasse 36, 61, 66, 197
Bipedie 75, 82, 97, 173; s. a. Gang, aufrechter
Blitze 25, 102
Blütenpflanzen 51, 66
Bodenversalzung 115
Brandrodung 122, 139, 177
Braunkohle 41, 66
Brennstoffe, fossile 59, 102, 132–135, 139, 154, 188, 192, 195

Bronzezeit 116, 123
Bush, George W. 158, 160f., 168

C3-Pflanzen/C4-Pflanzen 199
Calamiten 40
Carnot, Nicolas Léonard Sadi 132
Ceara-Schwelle 78
Chaos-Theorie 120f., 175
Chauvet-Pont-d'Arc (Höhle) 106, 112
Chicxulub-Krater 53, 57
China 97, 112, 117, 176
Chitin 32
Chlor 149, 151, 153
Cooksonia 35
Corioliskraft 33, 65, 90, 150f., 162
Cro-Magnon-Mensch 105f.
Crutzen, Paul J. 149
Cyanobakterien 26, 28, 30, 61, 199
Cynodontia 49

Dampfmaschine 128f., 132–135
Dart, Raymond 87
Darwin, Charles 46
Daumen 68
Dendrochronologie 119
Denken 96–98, 103, 173, 193
Desertifikation 143
Desoxyribonukleinsäure (DNS) 26, 100
Devon 36f., 41, 43
Diapsida 42, 45
Diatomea (Diatomeen) 61, 83
Diesel, Rudolf 133
Diluvium 90
Dinosaurier *s.* Saurier
Dissipationssphäre 21
Distickstoffoxid (Lachgas) 13, 139, 142, 156, 161, 176f.
Dreifelderwirtschaft 126
Dryas 108
Dryas, Jüngere 108f., 111, 180, 184
Dryopithecinae 71
Düngung 126f., 177
Dürre 146, 165, 181, 185

Einzeller 25, 66, 76
Eis 28f., 33, 35f., 65, 79, 92, 95f., 162, 182; *s. a.* Kryosphäre
Eisbohrkerne 110, 119, 121f., 144
Eisen 26, 28, 201
Eishausbedingungen 37, 66
Eiszeit 34, 65, 95f., 101, 106f., 108–111, 116, 118f., 166, 183, 195
Eiweiß 26, 29, 98, 114
El Niño 84, 146, 181
Emissionen 138, 153f., 156, 178
Emissionsrechte 157
Energie 16, 25, 35, 59, 102, 129f., 188
Energieerhaltungssatz 130
Energieumwandlung 130, 134
ENSO (El Niño/Southern Oscillation) 146, 165
Entropie 130f.
Eozän 43, 57f., 60, 64, 69, 94
Epidemien 125
Erdaltertum 31f., 43f.
Erdbevölkerung 11, 122, 126f., 143, 180
Erde (als Planet) 16, 171f., 186, 194, 197, 200f.
Erdgas 18, 52, 59, 133, 154
Erdgeschichte 25, 43f., 89
Erdkern 33
Erdkruste 16, 33, 62, 76, 203
Erdmantel 16, 32, 62, 199, 202
Erdmittelalter 43f.
Erdneuzeit 43, 55
Erdöl 18, 52, 58f., 133, 154
Erdrotation 11, 33, 79, 198
Erdschiefe *s.* Obliquität
Erdumlaufbahn 79, 118
Erdzeitalter 43f., 89
Erosion 15, 60, 62, 73, 123; *s. a.* Verwitterung
Erwärmung 178-183, 191
Eukaryoten 31, 200
Euramerika 37, 40
Eurasien 38, 50, 197

Register 209

Europa 38, 58, 109, 164, 185
Evolution 18, 31 f., 45 f., 76 f., 82
Explosion, kambrische 31 f.
Exosphäre 21

Famennium 37
Feuer 54, 101–104, 106, 123
Fleischfresser 42, 47, 49, 53
Fließgewässer 90, 190 f.
Flohn, Hermann 136
Flugsaurier 42, 45 f., 52
Flugverkehr 141, 153
Fluorchlorkohlenwasserstoffe (FCKW) 141, 149, 151
Fluorkohlenwasserstoffe (FKW) 156
Förderband, Atlantisches 163, 166
Förderband, Großes Marines 65, 90–92, 163, 165, 184
Foraminiferen 76, 80, 85, 93
Fortbewegung 36, 47, 96
Fortpflanzung 24, 41
Fossilien 15, 28, 32, 85
Fracastoro, Girolamo 126
Fram-Straße 72 f., 163
Fruchtwechselwirtschaft 126
Futterpflanzen 126

Gaia-Hypothese 186
Gammastrahlen 35
Gang, aufrechter 74 f., 86–88, 96 f., 121, 173; s. a. Bipedie
Gase 9, 12, 14 f., 17 f., 25, 27, 42; s. a. Treibhausgase
Gebirge 11, 40, 64, 72
Gebiß 55–57, 69, 103
Gefäßpflanzen 35
Gehirn 47, 75, 105, 121, 173, 176
Gehirnvolumen 71, 87, 97, 104, 113
Gehör 55
Geruchssinn 56, 70
Geowissenschaften 172
Gesichtssinn 47, 70
Getreide 199
Gezeitenwellen 34

Gibraltar (Straße von) 74, 99
Ginkgo 51
Gletscher 79 f., 95 f., 108–111, 114, 118, 143, 145, 162, 182 f.
Gliederfüßer 32
Golfstrom 76, 90, 164–166
Gondwana 32, 34–36, 38, 40, 50
Graben, Ostafrikanischer 83–85
Granit 202 f.
Graslandschaften 74, 82
Gravitation 9, 15 f., 18, 21, 33, 35 f., 78, 202 f.
Grönland 58, 72, 74, 90, 109 f., 118, 162

Haarkleid (Pelz, Fell) 56 f., 89, 98
Hadrocodium wui 55
Halbmond, Fruchtbarer 112, 116
Halone 151
Hand 68, 82, 96, 172 f.
Hangenberg-Krise 37
Heißzeit 186–189, 195
Helium 13, 16, 25
Hephthaliten 117
Heterosphäre 18
Himalaya 39, 64, 72, 96, 106
Holozän 43, 107–124, 180, 195
Holozänes Optimum 111, 114
Hominidae (Hominiden, Menschenartige) 70 f., 74 f., 82, 84, 86 f.
Hominoidea (Menschenähnliche) 70 f., 74 f., 104
Homo erectus 97–99, 104
Homo ergaster 98
Homo habilis 86–88, 96, 97, 101
Homo heidelbergensis 98, 100
Homo neanderthalensis 100, 104 f., 107
Homo rudolfensis 87
Homo sapiens 100, 104–106, 107–109, 121, 172, 187, 196
Homosphäre 18
Humansphäre 173
Hungersnöte 118, 125, 127, 186

Huygens, Christiaan 14
Hylaeosaurus 46

Iapetus-Ozean 32, 37
Ichthyosaurier 46
Iguanodon 46
Indien 39, 72, 176
Indonesien 85, 97, 146
Industrialisierung 128, 135
Infrarotstrahlung 12, 22, 59, 139
Insekten 36, 41, 51, 56, 67, 69
Inversion 40
Iridium 53
Island 72, 158, 165, 184
Isotope 79f., 85, 114f., 158, 184

Jäger 103, 106, 107, 112, 114
Jericho 113
Johanson, Donald C. 86
Jonny's Child 87f.
Jura 38, 43, 49, 51

Kalk 17f., 30, 32, 48, 60f., 63, 76f., 78, 80, 191
Kalzium 17, 32, 60–63, 77, 85, 196
Kambrium 32, 34, 37, 43, 76
Känozoikum 43, 55, 64, 66
Karbon 36, 40f., 43
Karbonat-Silikat-Kreislauf 60–62, 93, 190, 196, 198
Karbonatverwitterung 60f., 73
Karibik 90, 92, 165, 166
Kellwasser-Krise 37
Kernkraft 15, 188f.
Kieselalgen 61–63, 66, 83, 189
Kieselsäuren 62
Klimafaktoren 11f., 117, 121, 172, 174
– anthropogene 12, 121, 136, 139, 142, 178
Klimakonferenzen 138, 154–158, 167–170
Klimamodelle 173–176
Klimaprognosen 174–178, 194
Klimarahmenkonvention 155

Klimaschutz 136–138, 148–171
Klima-Szenarien 178–180
Klimatologie 11, 118f.
Klimazonen 40, 98, 111, 144
Koevolution 67
Kohle 18, 36, 40f., 59, 66, 133, 135, 154
Kohlendioxid 12f., 17, 20–23, 25f., 29, 34, 36f., 43, 49, 52, 58f., 65f., 70, 72, 93, 115, 133, 135f., 138–140, 142, 154, 156, 159, 161, 191, 195, 199
Kohlenmonoxid 17, 25
Kohlensäure 60, 191
Kohlenstoff 25f., 36, 51, 58f., 62, 77, 115, 135, 190
Kohlenstoffkreislauf 25, 60–62, 66, 109, 190
Kohlenstoffspeicher 40, 92f., 195
Kondensation 20, 142
Koniferen (Nadelhölzer) 50
Kontinentalklima 49
Kontinentalverschiebung (-drift) 11, 32, 34f., 37, 40, 49, 54, 57, 62, 118, 196, 199; s.a. Plattentektonik
Kontinente 32f., 64, 72, 90, 202
Körpergröße 68f.
Körpertemperatur 41, 56, 98
Kraftmaschinen 129, 133, 135, 172
Krallen 48, 68, 101
Krankheiten 125, 186
Kreide 43, 47f., 50–52, 54, 56, 60, 89, 192
Kreide-Tertiär-(K/T-)Grenze 53f., 192
Kryosphäre 73, 80, 118, 144
Kultur 97, 100, 106, 112–117, 121, 173, 204
Kunstdünger 127
Küsten 34, 49f., 64, 70
Kyoto-Protokoll 156–159, 167, 169, 187

Labrador 58, -see 109f., -strom 164
Landbrücken 52, 72, 77, 92, 99
Landflucht 128

Register   211

Landgang (Pflanzen) 35f.
Landgang (Tiere) 36f.
Landlebewesen (terrestrische Arten) 27, 34, 36, 41, 49, 52, 58, 82
Landwirtschaft 112f., 126
La Roche-Cotard (Höhle) 105
Laurasia 38, 50
Laurentia 32, 37
Leakey, Louis S.B. 86f.
Leakey, Mary 86
Leakey, Mary Douglas 71
Leakey, Richard 191
Leben 9, 12, 14, 18, 22f., 203f.
Lenoir, Jean-Joseph-Étienne 132
Lepidodendron 40
Licht 10, 21f., 28, 106
Liebig, Justus von 127
Lipide 28
Lithosphäre 33, 36, 62f., 118, 133, 172, 195–197, 203
Lorenz, Edward N. 120
Lovelock, James E. 186, 199
Luft 9–13, 20, 36, 41, 49, 59f., 70; s.a. Atmosphäre
Luftdruck 10, 19, 165, 174
Luftfeuchtigkeit 10, 78, 93
Luftströmungen 20, 34, 146; s.a. Stürme, Winde

MacLean, Dewey 54
Magma 44, 63, 72, 84
Magmaozean 201
Magnetfeld 34, 120, 129
Massenaussterben 31, 35, 37, 42, 45, 49f., 52–54, 57, 191–193
Maunder-Minimum 120
Meere 17, 65, 76f., 90, 145; s.a. Ozeane
Meereis 92, 145, 182
Meeresboden 33, 44, 63, 80
Meeressedimente 59, 61–63, 73, 196
Meeresspiegel 34–36, 42, 50, 70, 92, 96, 99, 108, 111, 145, 162, 182
Meeresströmungen 11, 33f., 40, 50, 57, 59, 65, 73, 77, 84, 90f., 109f., 146, 163, 174, 184f.
– thermohaline 33, 59
Meerwasser 32f.
Megagäa 32
Megalosaurus 46
Mensch 31, 67–69, 82, 86f., 96f., 113, 121, 172, 204
Menschenaffen s. Pongidae
Menschenähnliche s. Hominoidea
Menschenartige s. Hominidae
Menschwerdung 82, 97, 121
Merbold, Ulf 9
Mesopause 20
Mesosphäre 19f.
Mesozoikum 43, 45, 51, 54
Metalle 17, 28, 53, 135, 202
Meteoriteneinschläge 16, 37, 42, 53, 57
Methan 13f., 17, 21, 25, 28, 44, 57f., 59, 62, 72, 121f., 139, 142, 156, 161, 176, 188f.
Methanhydrat 59, 188
Mikroben 125, 202; s.a. Bakterien, Mikroorganismen
Mikroorganismen 10, 25
Milanković-Zyklen 78–80, 94f., 118
Millennium Man 82
Miller, Stanley L. 25
Miozän 43, 72–74, 76, 82–85
Mittelamerika 92, 165
Mittelmeer 72, 74
Modellrechnungen 119, 174
Moleküle, organische 25f.
Mond 14, 34, 78
Monsun 64, 85, 181
Mosasaurier 46

Nacktsamer 50f.
Nährstoffe 35, 66, 82, 153, 190
Nahrungsketten 61, 153, 190f.
Naturkatastrophen 125, 161, 187
Neandertaler *(Homo neanderthalensis)* 100, 104f., 107

Neogen 43, 71, 90
Neon 12, 25
Netzhaut 55, 70
Newcomen, Thomas 132
Niederschläge 10, 12, 60, 67, 83 f., 90, 111, 145, 162 f., 166, 174, 181 f., 184 f.
Nomaden 112, 114, 117
Nordamerika 38, 50, 56, 72, 77, 94, 108, 118
Nordatlantikstrom 77, 90, 93, 108, 164, 166, 184
Nordpol 58, 73, 151
Nordpolarmeer 58
Normalperioden 11
Nukleinsäuren 25

Oberflächenwasser 33, 66, 77
Obliquität (Erdschiefe) 79, 94
Ojibway (See) 110 f.
Old-Red-Continent 37
Olduvai-Schlucht 83, 86
Oligozän 43, 64, 66 f., 69 f., 72
Ordovizium 34 f., 43
Organismen 24, 28, 30
– marine 34 f., 37, 42, 49 f., 52, 58, 82, 153
Ornithischia 46, 48, 51
Orogenese 72 f.
Orrorin tugenensis 82
Ostafrika 70, 85, 98
Otto, Nicolaus August 133
Out-of-Africa-Hypothese 100
Owen, Richard 46
Ozean 17, 33, 51, 53, 65, 76 f., 79, 90, 145, 200; *s. a.* Meere
– Arktischer 73, 163
– Atlantischer (Atlantik) 38, 50, 65, 74, 77, 90, 92 f., 109, 164, 165
– Indischer 65, 84, 90
– Pazifischer (Pazifik) 65, 77, 85, 90, 92 f.
Ozon 12 f., 19 f., 27, 34, 139 f., 142, 149

Ozonloch 141, 150–152
Ozonschicht 20, 22, 27, 42, 53, 141, 149–155
Ozonschild 27, 35, 149, 152 f.

Paläoanthropologie 86 f.
Paläogen 43, 90
Paläoklimatologie 118, 194
Paläolithikum 100
Paläozän 43, 57 f., 67, 69
Paläozoikum 31, 43 f.
Pangäa 37 f., 40, 48, 50
Pannotia 32
Panthalassa 40
Passage, Indonesische 84 f.
Passate 64, 92
Perm 38, 40, 42–44, 45, 48, 50 f.
Permafrostböden 59, 162, 188
Pflanzenfresser 42, 48, 51, 53, 56, 66
Pflanzenzucht 114, 127
Photolyse 27, 151
Photosynthese 12, 26, 28, 35, 44, 53, 66, 93, 199, 203
Plankton 51 f., 57, 60 f., 66, 69, 72, 76, 153, 190 f.
Platte
– Afrikanische 39, 64, 83
– Arabische 39, 72
– Eurasische 64, 72
– Indisch-Australische 39, 64, 85
– Karibische 72, 76
– Nordamerikanische 64
– Pazifische 64
– Somalische 84
– Südamerikanische 64
Plattentektonik 33, 62 f., 70, 72, 83, 118, 196 f., 200; *s. a.* Kontinentalverschiebung
Platyrrhina 70
Pleistozän 43, 89 f., 95, 100, 119
Plesiosaurier 46
Pliozän 43, 77, 81 f., 84, 86, 89, 95, 121
Polareis 35 f.

Register 213

Polarwirbel 151 f.
Pole 9 f., 19, 33 f., 36, 58, 73, 151 f.
Pongidae (Menschenaffen) 70 f., 74
Präfrontalpartie 104 f.
Präkambrium 32, 43
Präzession 80
Primärproduktion 61
Primaten 67, 68 f.
Proconsul 71, 74
Prokaryoten 28, 31
Proteine 25
Proterozoikum 31, 43
Proxy-Daten 118, 173
Pterosaurier 46
Pumpe
– biologische 62, 93, 196
– physikalische 62

Quartär 39, 43, 89
Quastenflosser 37
Quellen, heiße 28, 57

Radioaktivität 79, 114 f., 136
Radiokarbon-Methode 100, 114 f., 119
Red Tides 190
Reemission 139
Reflexion 21–23, 65, 81, 142
Regen 17, 20, 60, 62, 66 f., 84, 92, 94, 98, 111, 113, 117, 145, 162, 165 f., 177, 182; s. a. Niederschläge
Regenwälder 59, 74, 166
Reisanbau 59, 122 f., 139, 176 f.
Reptilien 38, 41 f., 45 f., 56
Revolution, Industrielle 125 f., 154, 172
Revolution, Neolithische 112 f.
Rinder 59, 82, 122, 177
Rio-Deklaration 155
Rocky Mountains 64, 72, 92, 94
Rodung 122, 139, 143, 177
Rücken, Mittelatlantischer 64, 72, 197
Rückkoppelungseffekte 121, 187
Rückstrahlung s. Reflexion

Sahara 111, 115, 119
Sahelanthropus tchadensis 75, 82
Sahelzone 165
Salinität (Salzgehalt) 33, 74, 77, 90, 93, 163, 184
Salpetersäure 151
Sammler 103, 106, 107, 112, 114
Sauerstoff 13, 17 f., 20 f., 25 f., 27 f., 29, 34, 36 f., 42, 44, 49, 59, 80, 201
Sauerstoffmangel 32, 37, 42, 49
Säugetiere 42, 52, 55–57, 66 f.
Saurier 42, 45–54, 55–57, 74, 192
Saurischia 46–48
Sauropoda 48, 51
Savannen 67, 74, 81, 111
Savannenaffen-Hypothese 83
Schachtelhalme 40, 51
Schalen 32, 60 f., 76, 80, 85, 190 f., 196
Schelf-(Flach-)meere 32, 49 f., 73, 96, 163
Schildkröten 42, 52
Schläfenöffnung 42
Schlangen 42, 52
Schlote, schwarze 28
Schnecken 41, 49, 190 f.
Schnee 65, 78, 81, 93 f., 114, 118, 144, 182, 187
Schneeball-Erde 29 f.
Schwanz 48, 68, 70 f., 75
Schweißdrüsen 98
Schwefel 28, 44
Schwefeldioxid 13, 136
Schwefelhexafluorid 141, 156
Schwefelwasserstoff 17, 25, 44
Schwerkraft s. Gravitation
Seafloor-Spreading 33, 64, 72
Sedimente 59–63, 73, 119, 196
Selbstregulation 27, 41, 187, 204
Seuchen 125 f., 186
Sibiria 32, 37
Sibirien 73, 92, 108
Siegelbäume, *Sigillaria* 40
Siemens, Werner von 129
Silikatkreislauf 60 f., 78, 93, 190, 199

Silikatverwitterung 61f., 73, 94, 189, 196, 199
Silizium 61f., 78, 82, 189–191, 196, 202
Silur 35f., 43
Sonne 15, 21f., 33, 79, 120, 201
Sonnenenergie 65, 80, 102, 133, 197f., 203
Sonnennebel 15f.
Sonnenstrahlung 10f., 17, 20f., 23, 33, 42, 65, 78, 120, 142, 197
Sonnensystem 14f., 78
Spitzbergen 58, 72, 182
Spreizung des Meeresbodens s. Seafloor-Spreading
Sprache 87f., 97, 103–105, 113, 121
Spurengase 21, 58, 122
Standardperioden 11
Staudämme 171, 189–191, 196
Stauseen 162, 190
Steinkohle 36, 40f., 135
Steinwerkzeuge 88, 99, 101
Steppen 67, 80, 82, 111
Stickoxide 54, 136, 142
Stickstoff 13f., 17f., 21, 25, 115
Stickstoffdioxid 13
Stille, Hans 32
Stockwerkaufbau (Atmosphäre) 19
Stoffwechsel 32, 36f., 55, 115, 172, 203
Strahlung, elektromagnetische 21f., 134
Stratifikation 93
Stratigraphie 90
Stratopause 20f., 23
Stratosphäre 19f., 23, 27, 150, 152
Stromatolithen 30
Stürme 10, 15, 161f.; s. a. Luftströmungen, Winde
Subduktion 63f., 72, 196, 202f.
Südamerika 38, 50, 64, 69, 72, 77, 108, 122, 146, 177, 181, 185
Südpol 34–36, 152
Südpolarmeer 64f.

Synapsida 42
Systeme, nichtlineare 119–121, 135, 162, 175f.

Tasmansee 64
Tausendfüßer 41
Teilhardiana asiatica 69
Temperatur 10, 15, 17–23, 25, 28f., 33, 41, 49, 52f., 58–60, 63–65, 70, 72, 79, 85, 92–95, 98, 108, 111f., 116, 119, 130f., 136, 138, 141–146, 150f., 161–163, 174f., 178f., 180–182, 185–189, 191f., 197–201
Termiten 59, 122
Tertiär 39, 43, 52, 89
Tethys-Meer 38–40, 50, 72, 74
Tetrapoden 37
Thecodontia 45, 49
Therapsida 41f., 49
Thermodynamik 130–132, 135, 174–176, 181
Thermosphäre 21
Tibet 64, 72f., 85, 94
Tiefenströmung 90f., 109, 163
Tiefenwasser 33, 64
Tiefsee 28
Tierzucht 59, 112, 114, 123, 127, 139, 177
Toumaï 75, 82
Trapps 44, 54
Treibhauseffekt 17, 22f., 26, 29, 40, 49, 51, 70, 78, 136, 138–147, 152, 154, 161, 164, 177, 188, 190f., 197f.
Treibhausgase 44, 57, 59, 72, 124, 137–143, 152, 157, 189
Trias 42f., 45, 47–52
Trilobiten 32, 34, 45
Tropopause 19f., 23, 150, 152
Troposphäre 9f., 19f., 23, 152
Tsunami 42
Tundra 74, 80, 108
Tundrenzeit, Jüngere 108
Turbopause 18

Register 215

Turkana Boy 98
Turkana-See 88

Überaugenwulst 104
Ultraviolett-(UV-)Strahlung 12, 19–22, 27, 35 f., 141, 153
Umweltkonferenzen 136–138, 148, 154–158, 167–170
Uratmosphäre 16
Urey-Effekt 27
Urinsekten 37
Urkontinent 40

Vegetation 11, 51, 74 f., 80, 100, 103, 109, 123, 166
Vegetationszonen 98, 111
Verdunstung 34 f., 77, 83, 90, 93, 98, 161–163, 175, 201
Vereisung, Vergletscherung 17, 29, 34 f., 40, 64 f., 78, 92–95, 108, 114 f.
Verstädterung 128, 143
Verwesung 61, 114, 189
Verwitterung 60 f., 73, 197, 198, 200, 202
Vielzeller 31
Völkerwanderung 116 f.
Vulkanismus 16 f., 19, 25, 37, 42 f., 50, 53, 62 f., 70, 72 f., 102, 119, 142, 199

Wald 36, 52, 59, 67, 69, 74, 81, 111, 136, 166, 187
- tropischer 36, 51, 59, 69, 74, 111, 166, 187
Wald-Deklaration 155
Wallace-Linie 99

Warmblüter 41, 49, 55–57
Wärme 10, 16 f., 22, 26, 33, 102, 130, 132, 135, 178
Wärmeenergie 21–23, 102, 134, 138; s. a. Wärme
Wärmehaushalt 135, 139, 144–147
Wärmetod 131
Warmzeit 95 f., 116, 119, 195
Wasserdampf 12 f., 17, 19 f., 21 f., 72, 129, 139, 141 f., 162, 181, 201
Wasserkraftwerke 189 f., 192
Wasserkreislauf 123
Wasserstoff 13, 16–18, 25, 27, 201
Watt, James 128
Wechselblüter 42, 49, 56
Wegener, Alfred 40
Wetterprognosen 10, 120
Wettersphäre 9, 10, 19 f.
Winde 15, 34, 64; s. a. Luftströmungen, Stürme
Wirbeltiere 32, 34, 37, 41, 45, 47, 75
Wolken 10, 19–21, 81, 146
Wu Xiao-Chun 56
Würm-Kaltzeit 95, 108
Wüste 49, 75, 80 f., 98, 111, 142 f., 187, 201

Xenon 13

Zeitskala, Geologische 89 f.
Zirkulation 20, 33, 50, 90
Zirkumpolarstrom 64 f., 73, 90, 150
Zivilisation 106, 116
Zweistromland 112, 115
Zwischeneiszeit s. Warmzeit